ビッグデータ時代の
テーマ解決法

ピレネー・ストーリー

野口　博司 編著
磯貝　恭史 著
今里健一郎
持田　信治

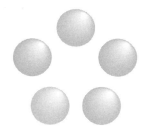

日科技連

はじめに

　多くの問題解決法や課題解決法の書籍が出版され世に出ている．問題や課題を抱えた読者の方は，どの書籍を参考にすればよいのか迷うところである．一般的に，問題があるとは，現状が本来の姿になっていない状態にあることで，不良の状態にあることをいう．一方，課題があるとは，現状はある程度の水準にあるが，現状よりもっとよい状態にしたいことをいう．それゆえに，問題と課題を分けた目標達成までの手順についての書籍があると考えられる．しかし，現状から見ると問題は今よりレベルが下がっていること，課題は今よりレベルを上げることであり，目標とするレベルから見ると，問題も課題も，現状レベルと目標レベルに乖離がある．そこで筆者らは，問題と課題という厳密な区別をせず，現状レベルを目標レベルにもっていくための解決手順はどのようにすればよいかということに焦点を当てて，テーマ解決の手順として考えることにした．

　テーマ解決とは，テーマを解決する，すなわち解を見つけることであり，人間の思考の一部分にあたる．すべての人間の知的機能の中でもっとも複雑な思考であり，高次元の要求認識とされている．それゆえに，解決には，より筋道の通った手順と解を求めるためのベースとなる知識が必要であり，さらに，その知識の操作と調整により創造の世界へ至ることも大切となる．

　テーマ解決の手順については，戦後，心理学，社会学，数理工学，情報科学などの各分野で，効率的な解決の手順はどうあるべきかという研究がなされてきた．サイモンとニューウェルの「問題解決システムプログラム」，数学者ポリアが示した「ポリア法」，ケプナーとトリゴーが考えた「ケプナー・トリゴー法」，アルトシュラーが特許の原理から編み出した「TRIZ（トゥリーズ）法」などがある．このように，先人たちの研究努力により，テーマ解決にはそれぞれに特長をもったさまざまな役立つ手順が提案されてきた．

　しかし，企業が抱えるテーマは尽きず，内容も複雑になっている近年で

は，よりスピーディに，さまざまなテーマの解決を効率よく進められるシンプルな手順が期待されているのではないだろうか．そこで，まず，筆者らは，テクニカルな部分を最小限にした，より平易なテーマ解決手順が示せないか検討した．そして，2005年に，日本科学技術連盟 大阪事務所の植村公彦氏の支援の下でテーマ解決ストーリーの研究部会を立ち上げることができた．立上げ時の研究会のメンバーは，植村公彦氏，ケイ・イマジン代表の今里健一郎氏，当時は神戸大学大学院教授であった磯貝恭史氏，住友ベークライトの石破彰浩氏，流通科学大学教授の持田信治氏と筆者の計6名であった．研究会は，最近の企業が取り組んだ改善で，解決に成功した(2001年から2007年クオリティフォーラムで報告された)事例を，テーマ分野が重ならないようにして集め，そのプロセスを精査・研究した．そして，集めた約40事例について，解決に至ったプロセスを事前に決めていた流れ図に表し，どのようなテーマの内容を，どのような手順で解決したのか，約40の項目で評価した．次に，テーマの性質により，その解決を効率よく進めるためには，どのような手順とどのような知識基礎力を必要としたのかについて分析した．その結果，改善策立案時に3次元で示される基礎力を，テーマ内容により組み合せて活用することが重要であることがわかった．これらの成果を，ある企業に2年間実践をしてもらい，本方法の適切性と妥当性を確認した．これらの確認ができた2013年に，『標準化と品質管理』誌(日本規格協会)に「テーマ解決への道のり―「ピレネー・ストーリー」」と題して，7月号から12月号まで連載した．本書は，これらの連載内容をさらにメンバーと検討し直してまとめたものである．

　本書で提言するテーマ解決法「ピレネー・ストーリー」は，組織の改善活動レベルをスパイラルアップするために，経営組織論が専門であるカール・E・ワイク(1936～)の組織行動論の考え方も取り入れている．ワイクは，組織としてテーマ解決を進めるうえで必要となるポイントを考える際に，アルプスで遭難した軍隊が路頭に迷ったとき，ピレネー山脈の地図を手がかりに無事下山できた，という例を挙げている．ワイクは，テーマ解決には，たとえ異なる山脈の地図であっても，指針となるものが必要で

あり，そのような指針の存在により，メンバーが落ち着いて解決策を検討して合意し，組織的に行動を起こすことが解決に至る早道である，と語っている．研究会が提案するテーマ解決の手順も，ピレネー山脈の地図のような指針に相当するものとするべく，「ピレネー・ストーリー」と命名した．

　本書は2部構成となっている．第Ⅰ部は前述の連載内容を中心としてまとめている．第1章では，研究会が長年にかけてテーマ解決の道のりについて研究してきた経緯とその成果を解説した．第2章は，そのようにして生まれた「ピレネー・ストーリー」の具体的なステップとその活用テクニックを詳細に紹介している．より早く「ピレネー・ストーリー」を活用してみたい読者は，特にこの第2章を精読していただけたらと思う．第3章は，テーマタイプによって，各テーマ解決に必要な5つの基本力を発揮するための既存の手法を紹介している．第4章では，「ピレネー・ストーリー」に沿ってテーマ解決を進めた実際の企業活用例を紹介している．

　ビッグデータ時代となり，精度のよい現状の把握や先を読む方法において，今までとは異なる方法で情報を収集・分析することも求められてきている．また，今回の研究過程でわかったことであるが，テーマ解決のための予知力を発揮する手法が少ないことや，改善活動で得た成果となる知見の言語情報などを系統的にストックする必要があることなどから，第Ⅱ部では，予知力を発揮するためのデータマイニング手法や，知見情報をデータベース化する方法を加え，ビッグデータ時代におけるテーマ解決への準備を進められる方法論を紹介している．第5章では，ビッグデータ時代に向けてこれから必要とされる手法，とくに予知力を高めるための手法を紹介し，第6章では，ビッグデータ時代に向けて企業が考えるべきデータストリームの方向性を紹介している．

　この「ピレネー・ストーリー」が，これからの産業界だけでなく，あらゆる組織団体のテーマ解決に役立つ手順として発展し，広く活用されることを期待している．

　最後に，本書出版をご快諾いただいた日本規格協会の村石幸二郎氏，また出版の機会を与えていただき出版までご支援いただいた日科技連出版社

の戸羽節文出版部長，石田新氏，そして，最後までわれわれの研究を支えていただいた日本科学技術連盟 大阪事務所の植村公彦氏に深く感謝する．

2015年2月1日

流通科学大学商学部　教授
野口　博司

資料・ツール　ダウンロードのお知らせ

　日科技連出版社ホームページ（http://www.juse-p.co.jp/）より以下の資料・ツールをダウンロードできます．本書とともに，ぜひご活用ください．
- ５つの基本力を支援する手法の解説
- 知識情報の登録ツール　KFM（Knowledge File Manager：知識ファイルマネージャ）

注意事項

　著者および出版社のいずれも，ダウンロードデータを利用した際に生じた損害についての責任，サポート義務を負うものではありません．

目　次

はじめに　iii

第Ⅰ部　ピレネー・ストーリー　　1

第1章　「ピレネー・ストーリー」誕生の経緯 …………………… 2
1.1　「ピレネー・ストーリー」の概要　2
1.2　テーマ解決のプロセス分析の研究結果　5
1.3　「ピレネー・ストーリー」とワイク教授の"組織的テーマ解決サイクル"との関係　14
1.4　「ピレネー・ストーリー」のステップ　16
1.5　「ピレネー・ストーリー」によるテーマ解決推進上での部門長の役割　19
1.6　「ピレネー・ストーリー」の適用範囲　20
1.7　代表的なテーマ解決プロセス研究の比較　22
引用・参考文献　31

第2章　「ピレネー・ストーリー」の活用テクニック ………… 32
2.1　「ピレネー・ストーリー」の各ステップ　32
2.2　問題の本質探索【ステップ1】　32
2.3　テーマの目標設定【ステップ2】　40
2.4　テーマのタイプ設定【ステップ3】　42
2.5　テーマタイプ別の解決に役立つ基本力を駆使した対策立案【ステップ4】　46
2.6　対策の実施【ステップ5】　68
2.7　効果の確認【ステップ6】　73
2.8　歯止め―標準化の仕組み―【ステップ7】　78
2.9　残された課題と今後の計画【ステップ8】　79
引用・参考文献　82

第3章　5つの基本力を支援するQC手法 …………………… 83
3.1　QC七つ道具　83
3.2　新QC七つ道具　87

第 4 章　「ピレネー・ストーリー」の事例 ………………… 90
- 4.1　慢性不良の事例　90
- 4.2　教育・活性化活動の事例　103
- 引用・参考文献　116

第 II 部　ビッグデータ時代への準備　　　　　117

第 5 章　予測のためのデータマイニング ……………… 118
- 5.1　はじめに　118
- 5.2　本事例の概要　119
- 5.3　分類のためのデータマイニング手法　121
- 5.4　まとめ　165
- 5.5　ソフトウェアについて　167
- 引用・参考文献　169

第 6 章　将来のテーマ解決のためのビッグデータ生成法 …… 170
- 6.1　ビッグデータ分析とリアルタイムな意志決定支援　170
- 6.2　保存可能なデータとその拡大　172
- 6.3　ビッグデータ　174
- 6.4　大規模データの取扱い　175
- 6.5　トップダウン型データ分析とデータストリーム　177
- 6.6　知識情報の蓄積と分析　178
- 6.7　テーマ解決とデータ駆動型の意志決定　179
- 6.8　知識情報の登録ツール　KFM　183
- 6.9　KFM のインストールと起動　185
- 6.10　工程情報の登録　190
- 6.11　おわりに　198
- 引用・参考文献　199

索引　200

第 I 部

ピレネー・ストーリー

　第 I 部では，企業がテーマ解決に成功した事例を分析して得た共通のプロセスに，組織行動論の考え方を加えて，新しい近年のテーマ解決の道のりとした「ピレネー・ストーリー」を解説する．

　第 I 部の章立ては次のとおりである．
　　第 1 章　「ピレネー・ストーリー」誕生の経緯
　　第 2 章　「ピレネー・ストーリー」と活用テクニック
　　第 3 章　5 つの基本力を支援する QC 手法
　　第 4 章　「ピレネー・ストーリー」の事例

　まず研究成果として生まれた「ピレネー・ストーリー」の全容を第 1 章で紹介し，そして「ピレネー・ストーリー」の具体的な活用法，テーマタイプにより必要となる基本力を助長する既存の QC 手法について解説し，最後に「ピレネー・ストーリー」によりテーマ解決を進めた実際の事例を紹介する．

第1章
「ピレネー・ストーリー」誕生の経緯

　筆者らは，クオリティフォーラムなどで2001年〜2007年に報告された企業のテーマ解決に成功した改善事例を40例集めた．そして，各企業が，どのようなテーマタイプ（内容）を，どのようなプロセスで解決したのかを調査し，テーマ解決に至ったプロセスでは何が特に重要だったのかを検討した．その結果，見方を統制することにより，どのテーマも同じようなプロセスで進められ，テーマタイプにより，解決策の立案の際に，必要とする基本力を使い分ければよいことがわかった．本章では，これらの研究成果と，組織としてのテーマ解決力を向上させるためのサイクルとして参考にした，ワイク教授の"組織的テーマ解決のプロセスサイクル"の関係を説明し，「ピレネー・ストーリー」が生まれた経緯とその全容を解説する．

1.1 「ピレネー・ストーリー」の概要
　テーマ解決のプロセスとしては，すでに問題解決型QCストーリー（以下QCストーリーとする）や課題達成型QCストーリー（以下課題達成ストーリーとする）が知られている．筆者らが提言する「ピレネー・ストーリー」が，これらのプロセスと比較して，どのようなプロセスなのか，概要を説明する．
　図1.1は，QCストーリーと課題達成ストーリー，それに「ピレネー・ストーリー」におけるテーマ解決のプロセスをフロー図で示し，比較したものである．QCストーリーは，もともと製造現場の悪さの問題解決について，その改善活動の内容を報告しやすくするために生まれたものであり，実際の解決プロセスを示したものではなく，報告のためのものであり，型が先行している．したがって，現状をよりよくするためのアイデアを多く抽出しなければならない課題達成型のテーマや，事務部門の改善活動では，

1.1 「ピレネー・ストーリー」の概要

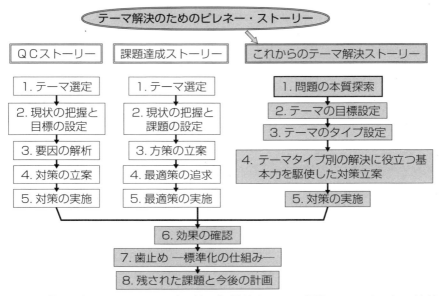

図1.1 「ピレネー・ストーリー」と他の伝統的なテーマ解決ストーリーとの比較

QCストーリーの手順にはそぐわない場合がある．

　そのために，狩野紀昭らは，新たに課題達成ストーリーを提言した．この課題達成ストーリーは，現状打破，魅力的品質の創造などのよさを追求するために，方策の立案をより重視したストーリーになっている．その特徴は，現状レベルとあるべきレベルとのギャップのどこを重点的に攻めるのかを決め，方策の立案の段階で，この攻め所に対して可能な限り多くの方策を立案し，その中から目標達成可能に期待効果の大きい対策案（アイデア）を最適策として解決を展開していくところにある．確かに，あるべき姿のよさの状態レベルや程度を明確に示せる場合は適するが，"発明改善提案の活性化"，"従業員の業務モチベーション教育強化"や"機密漏えい意識の改革"のようなよさの状態のレベルが具体化しにくい意識改革の活動では，その成果をまだ充分味わえないでいる．

　「ピレネー・ストーリー」は，ストーリーの中にテーマタイプを設定するステップがあり，そのテーマタイプにより解決に必要な5つの基本力を明らかにしている．また，各基本力を発揮するための適切な手法を紹介し，

とにもかくにも考えた改善策を先に実施してから，次の策について深く検討することを推奨している．そして，組織として，どのようなテーマの解決にも，このストーリーで進められることを確認している．

　この「ピレネー・ストーリー」のステップの概要を示すと，図1.1に示すように，まずステップ1「問題の本質探索」で，今回対象とした問題の本質を，関係者とよく探索・検討してテーマ内容を決める．組織の各メンバーの立場(社長，本部長，部長，課長，担当者)によりテーマに対する論点が異なることが多いので，テーマ内容を決める際には，関係者全員で取り上げるテーマの論点を明らかにする．そして，最終的には部門長の責任でテーマ内容を決める．関係者の合意によりテーマ内容が決まるとステップ2での目標は定めやすい．ステップ2「テーマの目標設定」では，テーマ解決したときの状態と現状の姿の差がわかるようにし，かつ現状からどの程度改善できたかを数値で表せるように目標を設定する．ステップ3「テーマのタイプ設定」では，あらかじめ「ピレネー・ストーリー」で定められたどのタイプに該当するのか，今回取り上げたテーマの内容から決める．テーマタイプの決定は部門長の責任のもとで行う．ステップ4「テーマタイプ別の解決に役立つ基本力を駆使した対策立案」では，そのテーマタイプ別に必要な基本力を発揮することで対策立案を進める．基本力を発揮するための最適な手法も紹介されているので，必要に応じてその手法を用いて対策立案する．多くの対策を出すことも大切だが，全貌が明らかにならなくても，ステップ5「対策の実施」に進み，とにもかくにもテーマ解決に役立つ方策と思われるものがあればいち早く実施する．すなわち，まず一歩行動してからその結果をよく吟味して，次の対策立案を行う．ステップ6「効果の確認」で効果が認められれば，そのやり方をステップ7「歯止め―標準化の仕組み―」で標準化することは他の手順と同じである．しかし，標準化や残された課題を明らかにするだけでなく，ステップ8の「残された課題と今後の計画」で，組織として改善活動プロセスの能力を向上させるために，今回の改善で得たよいプロセスを皆が共有するような教育を実施することが大切である．このように，ステップ1から8の手順でテーマ

1.2 テーマ解決のプロセス分析の研究成果

(1) 成功した改善事例のプロセス共有

　筆者らが集めた 40 事例の一部を要約したものが図 1.2 である．分析を行うにあたり，テーマ解決に至ったプロセスを図 1.3 のような流れ図で表して，メンバー全員がそのプロセスを共有できるようにした．テーマ解決の成果についてはあまり重視しないで，特にどのようなテーマの内容が，どのようなプロセスにて解決に至ったかを中心に，フロー図で表現することにした．図 1.3 はこれらの事例のプロセス分析のフロー図の一例である．

(2) テーマタイプの分類

　そして，集めた 40 事例を，テーマ内容に従って，次の A〜E の 5 つの

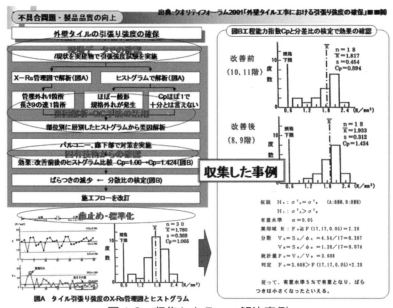

図 1.2　収集したテーマ解決事例

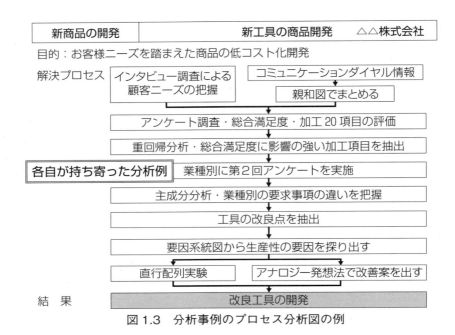

図 1.3 分析事例のプロセス分析図の例

テーマタイプに分類した．

 A："○○割れの低減"のように，現場の不具合を低減するタイプで，従来からよくある問題のタイプである．40 事例中 5 例あった．

 B："△△皺の慢性不良低減"のように，慢性的に発生している不具合を低減したい慢性不良問題タイプで，3 例あった．

 C："××事故の未然防止"や"新規顧客の獲得"などのように，未然防止やさらによい状態になることを追求する未然防止・課題タイプで，17 例あった．

 D："●●業務の時間短縮"のように，業務プロセスの効率化を進める効率化問題タイプで，3 例あった．

 E："顧客満足度の向上"や"商品開発の活性化"，"管理技術教育の向上"などのような教育・活性化を推進する活動のタイプで，12 例あった．

企業が抱えるテーマは，おおよそこの 5 つに分類できるのではないかと考えて，以降の分析を進めることにした．

(3) プロセス分析と5つの基本力

テーマ解決に必要なプロセスの項目を55項目用意して，似ている項目などを整理したところ，最終的には，表1.1のような40項目となった．そして，5つのA～Eのテーマタイプ別に，テーマ解決のプロセスでは，

表1.1 テーマタイプ別の重要なプロセス評価結果

No	チェック項目	問題	慢性	未然・課題	効率	活動
1	目標設定前の特別な調査はあったか	0	3	5	5	5
2	調査にQ7・N7以外の特別な手法を用いたか	0	3	5	5	5
3	目標設定前に現場のデータを見たか	5	3	0	0	0
4	目標は一つか	5	5	0	0	0
5	目標は数値で示されていたか	3	3	0	0	0
6	現場の特別な調査はあったか	0	5	3	3	0
7	現状把握は示されているか	5	3	3	3	3
8	現状は数値で示されたか	5	3	0	3	0
9	現状と目標との差は数値で示されたか	5	3	3	3	0
10	現状と目標との差は図等で示されたか	3	3	3	3	0
11	現状と目標との差は言語で示されたか	0	0	5	0	5
12	現状と目標との差の解析にQ7を用いたか	5	3	3	3	0
13	現状と目標との差の解析に他のQC手法を用いたか	0	3	3	3	5
14	目標達成へのメカニズムは示されたか	0	5	3	3	0
15	解析で原因の探索を行ったか	5	3	3	0	0
16	解析で特異点の抽出を行ったか	3	3	3	3	0
17	解析でギャップと攻め所の抽出を行ったか	3	3	3	3	0
18	解析でプロセス上の問題点の抽出を行ったか	0	3	3	3	0
19	解析で顧客ニーズの把握を行ったか	0	0	5	0	3
20	目標達成のために仮説をおいたか	3	5	3	3	3
21	対策立案にQ7を用いたか	3	0	0	0	0
22	対策立案にN7を用いたか	3	3	3	3	0
23	対策立案に他のQC手法を用いたか	0	0	5	3	3
24	対策立案に発想手法を用いたか	0	0	5	3	5
25	対策に対しての効果評価尺度を決めたか	3	3	3	3	0
26	対策に対しての評価基準は定めたか	3	3	3	3	0
27	各対策に対しての優先順位は定めたか	3	3	3	3	0
28	対策実施の途中で別にPDCAを回したか	0	5	5	3	3
29	対策と実績結果とを固有の技術で確認したか	5	3	0	0	0
30	効果の確認は数値で出したか	5	3	3	5	0
31	効果の確認は図等で出したか	0	0	3	3	0
32	効果の確認は定性的・言語か	0	0	3	3	5
33	効果の確認はこれからか	0	0	3	3	5
34	具体的な歯止め・標準化は示されたか	5	3	0	0	0
35	標準化後の維持管理のフォローが示されたか	3	3	0	0	0
36	効果と目標との差異は確認されたか	3	3	3	3	0
37	今回の残された課題は示されているか	0	3	3	3	5
38	これからの新たな課題は示されたか	0	0	3	0	3
39	本テーマの今後・フォローの計画があるか	0	3	3	3	0
40	新たに得られた知見が示されていたか	0	0	3	3	0

表1.2 主成分5までの固有値の表

主成分 No.	固有値	寄与率（%）	累積（%）
1	23.29	58.22	58.22
2	9.06	22.64	80.86
3	5.31	13.26	94.12
4	2.35	5.88	100.00
5	0.00	0.00	100.00

どの項目が重要となったかをメンバーで検討し，もっとも重要な項目に5点を配する5段階で，各テーマタイプ別に評価を行った．その結果を表1.1に示してある．この評価結果を用いて主成分分析を行い，テーマの解決を進めるために重要なプロセス構造を探った．

　主成分分析は，多変量解析諸法の一つで，データの構造を探るのによく用いられる．詳細は，多変量解析諸法の成書に譲るとして，ここでは，その考え方だけを簡単に示す．主成分分析は，評価項目から別の新しい合成変量を導くものであり，その際に，評価項目間の関係をできるだけ失わないようにして，できるだけ少ない次元で，合成変量を作成するものである．この新しい合成変量を用いてテーマタイプを再配置して，この配置からテーマタイプを分けるプロセス項目の共通性と違いを探った．

　表1.2は，その計算結果の一部を示しており，主成分とは新しい合成変量のことを示す．意味のある主成分の順に1，2，……というように導かれる．主成分1と主成分2，それに主成分3の3次元で，テーマタイプを配置すると図1.4のようになり，表1.2の主成分3までの固有値の表から，元のデータがもつ全体の情報(100%)の94.12%が再現できていることがわかる．固有値は，その主成分すなわちその新しい合成変量がもつ情報量の大きさを示す．今回は40項目を用いたわけだから，全体の情報量は40となり，そのうち主成分1がもつ情報量は，23.29で，主成分1がもつ情報の寄与は23.29/40=0.5822で寄与率としては58.22%となる．主成分1から3まで加えた累積寄与率が94.12%になる．

　表1.3は，主成分1から主成分3までの各評価項目の主成分負荷量を示した表である．主成分負荷量とは，新しい合成変量すなわち主成分と各評価項目との相関関係を表したもので，数字が大きいほど相関が強いことを

1.2 テーマ解決のプロセス分析の研究成果

表1.3 主成分3までの主成分負荷量

No	チェック項目	主成分1	主成分2	主成分3
1	目標設定前の特別な調査はあったか	0.9156	0.3132	0.2035
2	調査にQ7・N7以外の特別な手法を用いたか	0.9156	0.3132	0.2035
3	目標設定前に現場のデータを見たか	-0.9503	-0.2496	-0.0283
4	目標は一つか	-0.9315	-0.1284	0.2544
5	目標は数値で示されていたか	-0.9315	-0.1284	0.2544
6	現場の特別な調査はあったか	-0.0554	0.8223	0.5289
7	現状把握は示されているか	-0.7345	-0.4065	-0.5401
8	現状は数値で示されたか	-0.9402	0.0981	-0.1628
9	現状と目標との差は数値で示されたか	-0.7821	0.3638	-0.4600
10	現状と目標との差は図等で示されたか	-0.5532	0.7561	-0.2533
11	現状と目標との差は言語で示されたか	0.8406	-0.3507	-0.0792
12	現状と目標との差の解析にQ7を用いたか	-0.9402	0.0981	-0.1628
13	現状と目標との差の解析に他のQC手法を用いたか	0.9302	0.0787	0.3113
14	目標達成へのメカニズムは示されたか	-0.3298	0.5841	0.7021
15	解析で原因の探索を行ったか	-0.9402	0.0981	-0.1628
16	解析で特異点の抽出を行ったか	-0.8048	0.3686	0.4114
17	解析でギャップと攻め所の抽出を行ったか	-0.5532	0.7561	-0.2533
18	解析でプロセス上の問題点の抽出を行ったか	0.1481	0.9493	0.2342
19	解析に顧客ニーズの把握を行ったか	0.7851	-0.1234	-0.1926
20	目標達成のために仮説をおいたか	-0.4064	0.2492	0.8517
21	対策立案にQ7を用いたか	-0.7345	-0.4065	-0.5401
22	対策立案にN7を用いたか	-0.5532	0.7561	-0.2533
23	対策立案に他のQC手法を用いたか	0.9026	0.2321	-0.3373
24	対策立案に発想手法を用いたか	0.9767	-0.0690	-0.2011
25	対策に対しての効果評価尺度を決めたか	0.4799	0.7457	-0.4612
26	対策に対しての評価基準は定めたか	0.4799	0.7457	-0.4612
27	各対策に対しての優先順位は定めたか	0.9315	0.1284	-0.2544
28	対策実施の途中で別にPDCAを回したか	0.5114	0.5174	0.5724
29	対策と実績結果とを固有の技術で確認したか	-0.9503	-0.2496	-0.0283
30	効果の確認は数値で出したか	-0.6341	0.5736	-0.4952
31	効果の確認は図等で出したか	0.4799	0.7457	-0.4612
32	効果の確認は定性的・言語か	0.9343	-0.2146	-0.0883
33	効果の確認はこれからか	0.9343	-0.2146	-0.0883
34	具体的な歯止め・標準化は示されたか	-0.9503	-0.2496	-0.0283
35	標準化後の維持管理のフォローが示されたか	-0.9315	-0.1284	0.2544
36	効果と目標との差異は確認されたか	-0.5532	0.7561	-0.2533
37	今回の残された課題は示されているか	0.9302	0.0787	0.3113
38	これからの新たな課題は示されたか	0.8406	-0.3507	-0.0792
39	本テーマの今後・フォローの計画があるか	-0.2409	0.6826	0.5202
40	新たに得られた知見が示されていたか	0.4799	0.7457	-0.4612

表している．

　この表1.3の主成分負荷量の値から新しい各成分の構造内容を解釈する．まず情報量の多い主成分1から検討する．主成分1と正の相関関係がかなり強い評価項目（主成分負荷量値が＋0.9以上の項目）を表1.3の上から見ていくと，"テーマ設定前に事前調査を行い，調査にQC七つ道具（Q7），

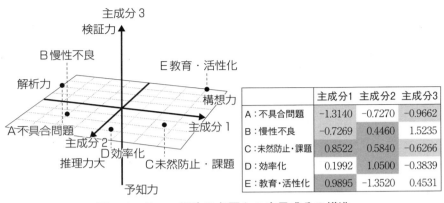

図 1.4　テーマ解決に必要な 3 次元成分の構造

新 QC 七つ道具(N7)以外の特別な手法を用い，目標と現状との差の解析や対策立案にも他の QC 手法を用いている．そして，対策立案時には発想手法を大切にするとともに，実施の優先順位を決める．効果の確認には，定性的な言語を用いて記述して，残された課題を示す"となる．すなわち，主成分 1 の正(＋)側は，広く手法を活用して発想を大切にする軸であり，設計的なアプローチを進める力を示す軸といえる．筆者らはこの力を"構想力(Design thinking power)"と名付けた．次に，主成分 1 と負の相関関係がかなり強い評価項目(主成分負荷量値が－0.9 以下の項目)を見ると，"現場のデータを大切にし，目標を 1 つにして，現状や目標レベルを数値で示す．解析で原因追及に努め，出てきた効果を固有技術で確認し，歯止め・標準化を進めて維持管理に努める"となる．すなわち，主成分 1 の負(－)側は，現場の不具合を把握して解析する力を示す軸といえる．筆者らはこの力を"解析力(Analysing power)"と名付けた．

　同様に，表 1.3 の主成分負荷量値から，主成分 2 と正の相関関係が強い評価項目を見ると，"現場の調査やギャップ解析，プロセス上の問題点の抽出，成果の評価尺度の設定，プロセスや効果をビジュアル化して捉えることを重視する"となる．すなわち，主成分 2 の正(＋)側は，テーマ解決に至るまでのギャップを認識し，そのギャップの穴埋めをするための対策評価を行う力を示す軸といえる．筆者らはこの力を"推理力(Reasonable

1.2 テーマ解決のプロセス分析の研究成果

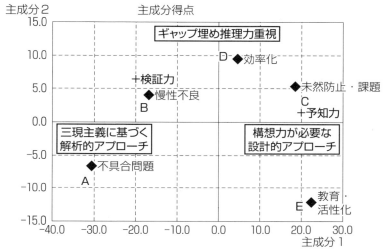

図1.5 各テーマタイプの主成分1×主成分2の配置

power)"と名付けた．主成分2の軸は，正(+)側ほど，この推理力が強いことを表している．主成分3の軸は，正(+)側に"目標達成に仮説をおくことを大切にし，対策立案ではよくPDCAを回し，テーマ解決の流れ・メカニズムを重視する"となることから，筆者らはこの力を"検証力(The power to demonstrate)"と名付けた．そして，+側の検証力に対して−側の成分を示す軸と考え，その力を"予知力(The power of foresee)"と名付けた．

次に，各テーマタイプを，この3つの主成分の3次元軸上に配置するために，各テーマタイプ別の各主成分の主成分得点を求めて，それを図示する．図1.4が，その配置を示している．

さらに，**図1.5**は，テーマタイプ別に重要となる軸は何かをわかりやすくしたものである．図1.5は，主成分1（横軸）と主成分2（縦軸）の2次元上に，各テーマタイプの配置を示しており，不具合問題タイプのAは，解析力が重要で，慢性不良問題タイプのBは，解析力に加えてさらに推理力が重要であることがわかる．未然防止・課題タイプのCでは，発想力と推理力が重要であり，効率化問題タイプのDは，推理力がもっとも重要といえる．教育・活性化活動タイプのEは，発想力がきわめて重要となること

がわかる.

　主成分分析より導いたプロセス構造が実際の改善活動に成り立つのかを検証した．筆者らが集めた40事例が，上記の基本力を表したプロセス構造上のどこに位置付けられるのか，主成分分析から導かれた主成分1と主成分2の合成正準変量式から，40事例の各主成分得点を導き，各40事例を配置して，タイプ別に層別した．その結果が**図1.6**であり，図1.4と図1.5の配置とが，ほぼ一致していることがわかる．これより，筆者らが導いたプロセス構造は，実際の事例において成り立つことが検証できた．

　以上から，各テーマタイプ別に解決に至るために重要となる力は，現場の不具合問題タイプのAでは解析力がもっとも重要とし，慢性不良問題タイプのBになると解析力に加えて検証力が重要となる．また，未然防止・課題タイプのCでは構想力と予知力が重要であり，生産プロセスなどの効率化問題タイプのDでは推理力と予知力が重要となる．そして，意識改革や教育・活性化活動タイプのEには構想力と推理力とが重要となることが

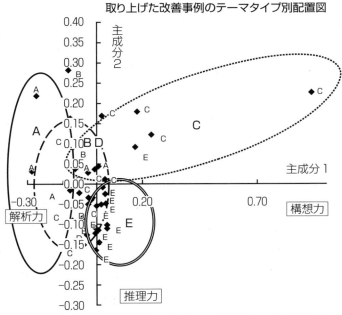

図1.6　40例の正準変量式（成分1×成分2）の配置

12

わかる．

ここで，5つの基本力について改めて定義する．

1．"解析力"とは，問題は何かを調べて数値データなどをとり，その原因を細かく分析し固有技術で裏付けた策を展開して改善を進め，歯止めを行い，その後の維持管理を行う力である．
2．"構想力"とは，数値データが得られなくても言語データなどを利用して，目標と現状とのギャップを認識し，まず実現すべき課題と今後の課題とを明らかにして，今の課題解決へのプロセスを組み立てていく力である．
3．"推理力"とは，解決プロセス上で今まで考えなかった新たな問題点を抽出し，その問題の原因を探索するために，既知の事実をもとに考えられる他の事実を設定し，特別な調査やギャップ分析を行い，その設定を確認しながら評価も進め，新たな他の事実を発見していく力である．この推理力は，どのタイプのテーマにも必要な基本力となる．
4．"検証力"とは，目標達成へのメカニズムや道のりを見つけて，実際にその事実関係を調べて，その関係を明らかにし，確実に一つずつ確認していく力である．
5．"予知力"とは，起こり得る事態を事前に知る力（事態発生のメカニズムが明確にできなくても，何らかの兆候で事態を察する力）である．

次に，テーマタイプと5つの基本力との関係を示す．基本力を発揮するには各種のQC手法を活用することが大切である．その活用法については第2章を，また，各基本力とQC手法の関連については第3章を参照されたい．

① "現場の不具合問題タイプ"では"解析力"が重要となる．
② "慢性不良問題タイプ"では，"解析力"が重要だが，それに加えて"検証力"が極めて重要となる．
③ "未然防止・課題タイプ"では，"構想力"と"予知力"が重要と

なる．
④ "効率化問題タイプ"では，現状では悪さが表れていないので，効率に結びつく要因を推理する"推理力"や"予知力"が重要となる．理詰めにテーマ解決を進めるのが難しいタイプで，対策検討の過程で得た閃き，すなわち"セレンディピティ(serendipity)"により，大きな解決への糸口となる対策が生まれる．
⑤ "教育・活性化活動タイプ"では，"構想力"と"推理力"が重要となる．

1.3　「ピレネー・ストーリー」とワイク教授の"組織的テーマ解決サイクル"との関係

テーマタイプ別に，テーマ解決に至るための重要な基本力は前節で述べた．ところで，企業のテーマ解決は組織的に行わねばならない．そこで，組織として結束力を高めて，解決に至るには，どのような組織であるべきかを，経営組織論の立場から検討した．その際に，下記に示すようなテーマ解決のストーリーに出会った．

経営組織論で著名なワイク教授(Karl E. Weick：1936年ワルシャワ生まれ，ミシガン大学教授)が，彼の組織論の授業のときに，次のような話をした．

アルプス山中で軍事練習中に遭難したハンガリーの小部隊が，なすすべがなく死を覚悟したときに，一人の隊員がポケットに地図が入っているのに気づき，それで隊員達が急に落ち着きを取り戻した．彼らはテントを張って野営し，雪嵐に耐え，その地図を手がかりに無事下山できた．しかし，その地図はよく見るとピレネー山脈の地図であったというのである．

ワイク教授は，学生たちに「異なる山脈の地図なのに，どうして，小隊の皆が無事生還できたのだろうか」と尋ねた．ワイク教授は，ハンガリー小部隊が無事生還できたことに，次の2つのことを挙げている．1つ目は，解決の拠り所となる地図があるということで，何か指針や糸口が得られるという見通しが立ち，隊員全員がまず落ち着きを取り戻したことに

あるとしている．解決へ向けて一歩進むには，何か解決の指針となるものが必要で，メンバー全員が腰を据えて取り組めることが大切である．2つめは，"きっと帰れる"という確信のもと，組織として現在の問題は何かということを探り，皆のコンセンサスを得て，ベクトルを合わせてから一糸乱れぬ行動を起こしたことにあり，ベクトルを合わせた行動では，必ず思考に先行してまず行動することが重要であるとしている．少し行動した後に何らかの結果が得られると現状の認識が深まる．すなわち，異なる山の地図であっても，状況の近い部分的な地図を頼りにして行動を起こし，その結果から次の行動のあり方を考えるというのである．ワイク教授は，この地図のことを"組織化の戦略的地図"と称した．

ワイク教授は，不測の事態は，組織が戦略ストーリーを共有して，より一層団結できるチャンスになるとし，そのためには落ち着くための参考となる解決手順を示した地図のようなものをもつこととしたわけである．そして，それをもとに全員で現状の情報の共有化を図り，全員のコンセンサスを得て行動を起こす．行動の結果，少しわかったことを分析して，次の時点でまた役割分担を決めて行動を起こすことが大切としたわけである．過ぎたる計画による過信は，不測の事態をなおざりにしてしまう危険があると警告している．すなわち，精緻な計画に従うよりも，状況の変化に対して必要に応じた行動結果から情報を得て分析するほうが，より完全な目標に近づけるとしている．

2010年8月5日に起きたチリのコピアポ鉱山落盤事故では，地下634mの坑道内に33人の作業員が閉じ込められ69日後に皆が無事生還できた．この事故でも，まず地上からの連絡によって地図に代わるものを得て落ち着いたこと，そして全員が事態の状況を認識してコンセンサスのもとに行動を起こした．地上からの食糧や生活用品の物資配給が増えた時点で，唯一全員の足並みが少し乱れたようだが，一人のリーダーのもと，再度皆が置かれている現状の認識を行ったことで組織が乱れることなく無事生還できたといえる．

筆者らが提案するテーマ解決の道のりも，この地図のような指針であっ

てほしいという願いを込めて，「ピレネー・ストーリー」と命名した．

具体的なテーマの本質を探索するプロセスや，テーマタイプ別に重要となる5つの基本力をどのようにして発揮するのかなどの手順などについては，第2章の"「ピレネー・ストーリー」と活用テクニック"で詳しく説明する．

1.4 「ピレネー・ストーリー」のステップ

(1) 各ステップの成り立ち

また，ワイク教授は，組織でテーマ解決を進めるには，次の3つの過程があるとし，これらの3つのサイクルを回すこととしている．その3つの過程は，イナクメント(enactment)，淘汰(selection)，保持(retention)である．意訳にならないように，各過程の説明は，高橋量一氏の著書『組織認識論の世界Ⅰ - Karl E.Weickの世界』を引用する．

イナクメント(enactment)の過程は，「問題，課題の特定化であり，経験の流れにある部分を将来の注意のために分節すること」である．まず何かに気づき，意味あるものとするために，その特徴をピックアップしていき，気づいたことの確認作業を進めていき，問題や課題を特定化していくプロセスである．

筆者らは，集めた企業例の成功事例とメンバー達の体験から，テーマ解決に至るには，もっともこのイナクメントの過程が重要と考えた．そして，最初のステップ1に，この過程に相当する"問題の本質探索"を置き，これが明確になることによりステップ2の目標設定が容易にできるとした．問題の本質探索で，組織として，特に問題としている本質の論点は何かを明らかにしテーマを決めることが，テーマ解決においてはもっとも重要なのである．

淘汰(selection)の過程では，淘汰は，因果の探索・適切な対策立案のプロセスになる．すなわち，「淘汰の過程は，分節された部分にある限定された解釈をあてがい，経験(データ収集)・観察をすることで，因果回路の

存在や因果ループを見出して因果関係にあるものを残していく．そして，無くさなければならない因の施策として役立つと思われるものを創出していく．因果の階層構造も検討して，多義的であいまいなものは排除して，合理的と思われる施策のみを残す」．ここでいう合理的な施策とは，メンバーが，最もよく理解できる施策のことである．

「ピレネー・ストーリー」のステップ3，ステップ4とステップ5が，この因果の探索・適切な対策立案の過程に対応する．テーマタイプ分けを行い，タイプに応じてテーマ解決に必要な基本力を取り上げ，その基本力を活用して因果の検討・施策の創出を行う．基本力を駆使することで合理的な対策が見つけられる．

保持(retention)の過程は，成果の確認と仕組み構築になる．すなわち，「保持の過程は，合理的な数々の施策を確実に実施適用して，成果を積み上げ蓄えていく．その結果，組織的にも安定した相互連結行動サイクルが形成され，さらに相互の予測性が高くなり，多様な目的をもった他の者にも，この成果の利用が可能となる．企業などの組織の中で安定的な運用を図るのは，これらのサイクルを回すことであり，これらのサイクルが，多様な目的をもった他の者にも利用可能となることから，より大きなブロックに組立てられ組織力が向上する．このことが行動ある組織となり，より目的に沿った組織化が進むことになる」．

「ピレネー・ストーリー」では，成果をステップ6で確認し，その成果を維持するためにステップ7で標準化の仕組みにより歯止めを行う．また，ステップ8では，成果を企業または組織の財産として積み上げる．特に，テーマ解決の過程で得た進め方の成果として，次のテーマ解決力向上に結び付ける教育の側面を考えることが必要である．

以上より，「ピレネー・ストーリー」のステップを簡単にまとめると，次のようになる．

ステップ1：問題の本質探索

組織としての真の論点は何かを関係者全員で検討し，所轄の部門長の責任の下で選んだ論点からテーマを決める．

ステップ2：テーマの目標設定

テーマ解決を終えた際のあるべき姿の状態は，どういう状態になっているかを考える．そして，そのあるべき姿を定量的に表せる指標をいくつか作る．その指標の中から一番テーマ解決の成果がとらえられそうな指標とその目標値を定める．

ステップ3：テーマのタイプ設定

決めたテーマの内容は，次のどのタイプに相当するかを検討する．テーマのタイプは下記のA～Eの5つである．当てはまるテーマタイプがない場合でも，所轄部門長の責任の下で，もっとも近いと思われるタイプを決める．

　　A：現場の不具合問題タイプ
　　B：慢性不良問題タイプ
　　C：未然防止・課題タイプ
　　D：効率化問題タイプ
　　E：教育・活性化活動タイプ

ステップ4：テーマタイプ別の解決に役立つ基本力を駆使した対策立案

テーマタイプ別に，そのテーマ解決に必要な基本力がある．それは，

　　① 現場の不具合問題タイプ→"解析力"
　　② 慢性不良問題タイプ→"解析力"＋"検証力"
　　③ 未然防止・課題タイプ→"構想力"＋"予知力"
　　④ 効率化問題タイプ→"推理力"＋"予知力"
　　⑤ 教育・活性化活動タイプ →"構想力"＋"推理力"

である．各基本力を発揮するための最適なQC手法については第3章で示してあるので，それを参考にしてほしい．ただし，QC手法の活用を推奨しているが，対策立案では，あくまでも経験に基づく固有の知識，各種の理論をもっていることが肝要であり，いくらQC手法を用いても，理論や固有技術がなければテーマ解決が困難となるのは述べるまでもないだろう．

ステップ5：対策の実施

上司やスタッフを加え，制約条件，予測される問題などを確認して，具

体的な組織としての対策実施の計画を立てる．すべてが終えるのを待って効果を確認するのではなく，目標達成への寄与が大きいと考えた対策からすぐに実施して，その結果を吟味する．

ステップ6：効果の確認

目標設定のステップで作った指標において，現状と対策後の結果を比較する．

ステップ7：歯止め―標準化の仕組み―

効果が逆戻りしないように，仕組みで標準化を行う．

ステップ8：残された課題と今後の計画

テーマ解決は，一つひとつの行動，すなわち経験と学習の積み重ねで形成される．テーマ解決を終えたから完了ではなく，また次の課題を見つけ，新たなテーマ解決活動を展開する．そのためには，今回の各ステップの進め方，活動運営の仕方について見直し，よかった点と悪かった点を明確にして次に活かすようにすることで，活動を通して得たテーマ解決能力をさらに育んでいく．

1.5 「ピレネー・ストーリー」によるテーマ解決推進上での部門長の役割

フランス革命時代のナポレオン・ボナパルト(1769-1821)は，紀元前のアレキサンダー大王の戦いにおける言葉を引用して，"私(ナポレオン)は一頭の羊に率いられたライオンの群れを恐れない．しかし，一頭のライオンに率いられた羊の群れを恐れる"と語っている．このことは，リーダーシップとは何かを言い表している．

「ピレネー・ストーリー」でも，テーマ解決を進めるうえでの所轄部門長の役割は非常に重要であるので，部門長の役割について下記に示しておく．

部門長は，

① テーマ選定での論点抽出後にテーマ名を決める責任がある．

② テーマの内容によるタイプ分けを決める責任がある．

③ 対策立案で，制約条件の明確化を行うと同時に制約の緩和にも努

める必要がある．
④ 対策実施でPDCAを回す際の意見やメンバーへの指導を怠ってはいけない．
⑤ テーマ解決後は，標準化を推進し，また，課題達成能力向上のための教育の仕組みを考えて構築する．

そして，何よりも所轄部門長は，テーマ推進者・メンバーがやる気をもてるような感動と称賛を与えねばならない．

1.6 「ピレネー・ストーリー」の適用範囲

著者らが提言する「ピレネー・ストーリー」の適用範囲について，"一般的なマネジメント"と"ポリシーによるマネジメント"という視点から述べる．

"マネジメント"とは何かを簡単に説明する．品質管理を専門にしている筆者らは，"マネジメント"というと"管理"であり，PDCAを回すことと考える．そして，その概念を構築した先駆者は，*The Principal of Scientific Management*（科学的管理の原理，1911年出版）の著者フレデリック・ウインスロー・テイラー（1856-1915）であり，彼が"マネジメント"の先駆者と考えている．ところが，経営学の専門の研究者は，必ずテイラーに関する研究をするが，"マネジメント"の概念の先駆者は，*The Principal of Management*（経営管理の原理，1956年出版）の著者であるハロルド・D・クーンツ（1908-1984）とサイリル・オドンネル（1900-1976）としている．クーンツとオドンネルの"マネジメント"の原点は，"getting things done through the people"にあり，働く人々の理解と掌握を得た仕組みづくりが鍵となっている．しかし，テイラーも，"マネジメント"の目的は，雇用主に限りない繁栄をもたらし，かつ働き手には最大限の豊かさを届けることにあるとしている．いずれも，働く人々がベースにあることには変わりがないが，その働く人々がやる気を生み，よりよい組織になることまでを言及したのがクーンツとオドンネルで，その点がテイラーと少し異なるといえる．

また，ピーター・F・ドラッカー(1909-2005)の"マネジメント"の考え方も，①組織が特有の使命，目的を果たすこと，②仕事を通じて働く人達を活かすこと，③社会に対して貢献すること，にあり，"組織の人達を活き活きとさせ，高度な成果を上げる仕組みづくり"としていて，クーンツとオドンネルの延長線上にある．

　以上のことから，一般的な"マネジメント"とは，一般的に経営目的に応じた組織と管理のあり方を科学的に探求することにある，といえる．

　これに対して"ポリシーによるマネジメント"がある．例えば，ある事業の発展のために，A案とB案の2つの選択肢があるとする．A案は，新規商品を開発して事業を発展させる案で，成果が大きく期待できるが，リスクが多い案である．B案は，既存商品の改善で事業を発展させる案で，成果は大きく期待できないが，リスクが少ない案である．このA，Bいずれの案を選択するかは，経営トップが，その時のポリシー(思い)により判断する．通常は，資金に余裕があり，もっと果敢に挑戦すべきと判断した場合には，A案が選ばれるだろうし，逆に，資金の余裕がなく，とにかく最小限のリスク下で発展を目指したいのならB案が選ばれる．しかし，資金の余裕がなくても，とにかく果敢に挑戦してみたい場合は，A案が選ばれてしまう．このように，合理性や科学的な根拠とは別にして，経営トップが自らの思いを中心に，テーマの選択やその対策を展開することを"ポリシーによるマネジメント"と呼ぶ．この"ポリシーによるマネジメント"では，何をすべきかやその手段の選択肢の効果性の判断が重要となるが，とにかく経営トップまたは上級管理者の思いでテーマ解決が推進される場合には，今回のテーマ解決のプロセスの対象とはならない．

　「ピレネー・ストーリー」の適用範囲は，現状との何らかのギャップからテーマを決定し，その解決を職制から命じられた現場がとるべきプロセスにある．そして，現状から目標レベルに到達するプロセスの効率性は，中間管理者や従業員の進め方の考え方や努力と関わってきて，組織推進のあり方も含めて，科学的な研究の対象となるからである．

　本書は，それらのプロセスを効率よく推進するための提言でもある．

1.7 代表的なテーマ解決プロセス研究の比較

(1) 代表的なプロセス研究の経緯

戦後，このようなテーマ解決のプロセスについては，心理学，社会学，数理工学，情報科学などの各分野で，効率的な解決のプロセスはどうあるべきかの研究がなされた．

筆者が以前に在籍していた企業は1982年にTQC活動を導入した．元海軍将校であった当時の社長の滝澤三郎(1923-2004)がQCストーリーを知った際に，海軍で活用していた"海軍法"の流れとよく似ていると語った．"海軍法"は，1940年代の日本の海軍では，非常に有名なテーマ解決の考え方だったようである．すなわち，テーマを決める前にそのテーマのSuitability(適合性)を検討し，その解決のための方策立案をFeasibility(柔軟性)に検討し，その方策を展開した場合の結果をAcceptability(受容性)として評価するというものであった．"今何がおきていて何をすべきか，なぜ起きたかを考えてどのように対応するべきか，対応した場合の結果で何がまた起きそうかを考える．"というのである．1985年頃に，この内容の滝澤著の書物が出版されたが，阪神淡路大震災時に，筆者がこの書物を遺失してしまい，その後，いろいろと調べたが，この書物の原典が不詳のままである．

1950年代からテーマ解決のプロセスの研究に取り組んだのは，経営組織論などで著名なハーバート・A・サイモン(1916-2001)である．彼は，組織における人間の意思決定と行動の研究を行い，合理的な意思決定の手順のあり方を研究していた．その後，米国の空軍の組織活動において合理的な意思決定を行うための情報処理のあり方について研究していた情報科学が専門のアレン・ニューウェル(1927-1992)と出会う．ニューウェルは，小集団のテーマ解決だけでは，軍全体の最適なテーマ解決には至らないことに気づき，2人は共同して，組織全体としての合理的意思決定のプロセスのあり方について研究する．その結果，人工知能工学も加えて，全体の最適な意思決定とするための"問題解決システムプログラム"を作成した．

しかし，このプログラムはオペレーションズ・リサーチに属する各種の数理的手法を用いていることや，軍に関する機密も多かったために，産業界では実用化するには至らなかった．

一方，同じ頃に，空軍における意思決定プロセスを研究していた心理学者のチャールズ・ケプナー(1922-)と社会学者のベンジャミン・トリゴー(1927-2005)は，優秀な士官が意思決定を行い行動する際には，必ず必要な情報を集め，整理・分析していることから，2人は，このプロセスを調べ，その成果を産業界への適用を前提としたテーマ解決の思考プロセスとしてまとめて発表した．そして，同時に2人の名前の頭文字を取ったコンサルティング会社ＫＴ社を設立して，このテーマ解決アプローチ法を産業界に広めた．この方法が有名な"ケプナー・トリゴー法"である．このアプローチ法には，SA：状況把握，PA：問題分析，DA:決定分析，PPA:潜在的問題分析の4つの分析ステージがあり，各ステージには分析のためのさらに詳細なステップがあり，少し長いプロセスとなっている．それゆえに，これらのステップを踏んでテーマ解決を進めるには訓練が必要となってくる．

また，ロシア人の海軍の元特許審査員であったゲンリッヒ・アルトシュラー(1926-1998)が約40万件の特許分析を行い，困難な問題に取り組んだ際に役立つ思考支援ツールとして"TRIZ(トゥリーズ)法"を提案した．最近，産業界では，この"革新的課題解決法"が注目されており，日科技連出版社から出版されている．これは開発や発明のための原理がベースにあり，事務部門のテーマ解決には役立つことは少ないが，技術開発には非常に役立つ．『標準化と品質管理』2013年2月号でも特集されている．

以下にこれらの代表的な手法をまとめて示す．

① 海軍法

海軍法のテーマ解決のプロセスは，3つのキーワードSuitability(適合性)，Feasibility(柔軟性)，Acceptability(受容性)で考える．今やらねばならないテーマは何かを考えて，真の問題はこれでよいのかということを，優先順位とともに①Suitability Studyとして検討する．それが確認でき

テーマが決まると，そのテーマ解決のための対策を，さまざまな角度から柔軟に検討して，② Feasibility Study として多くの対策を立案する．そして，過去にこだわらない奇策などを重視して対策展開案を作成する．次に，その対策展開により想定される結果を想定し，ねらいどおりになるかの受容性について③ Acceptability Study として評価する．受容できるストーリーができあがると，テーマのねらい（戦略）に応じて戦術を具体的に展開する．やってみた結果，想定外のことが生じたら，再び見直し，この① Suitability Study，② Feasibility Study，③ Acceptability Study の各ステップに戻って検討する．当時筆者は，滝澤から，このテーマ解決の進め方をよく教わったものである．ところが，2007年ごろから，英国のランカスター大学経営大学院の教授であるゲリー・ジョンソンと客員教授のケバン・スコールが，戦略的経営推進のモデルとして，この Suitability, Feasibility, Acceptability を SFA モデルとして世に紹介し，*Exploring Corporate Strategy*（企業戦略の探索）などの書籍を出版している．この滝澤の言ったテーマ解決法と SFA モデルとの関連は今のところ不明である．

② ポリア法

1945年にハンガリー出身者の数学者であるジョージ・ポリア（1887-1985）が書いた *How to Solve it* という書物の邦訳版が1954年に丸善から出版された．それから半世紀を超える今もまだ注目されている．特に福島の第一原子力発電所事故後にさらに注目され，今でも書店で平積みされている状態である．想定外や，簡単に答えのでない問題（テーマ）を考えるヒントとして，数学的な考え方が参考になり，数学の問題解決に留まらず，あらゆる分野のテーマを解決するためのヒントになるというのである．ポリアは，テーマ解決のプロセスとして，4つの基本ステップ①問題の理解，②計画の立案，③計画の実行，④ふり返ることを説いている．この基本ステップを踏むと，絡まった糸をほぐすようになるというのである．福島の原発事故を例にとると，津波への備えが不足していたことや，電源喪失を考えなくてもよいとしたことが問題の理解を誤り，ふり返ることを怠ったといえるだろう．この名著を現代風に，わかりやすく解説しているのが芳

1.7 代表的なテーマ解決プロセス研究の比較

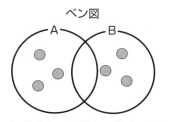

A, Bの2つの視点で比べてみる

図 1.7　数学的な考え方でテーマ解決する例

沢光雄（1953-）である．

　彼のポリアによる問題解決の4つのステップの概説を引用すると，"①問題の理解では，問題は何であるか（問題の定義）を，例えば**図 1.7**のような集合のベン図でA，Bの2つの視点から比べて検討する．何が問題かを決め，次に何が原因になっているか（原因の特定）を分析し，考えられる原因はすべて列挙する．②計画の立案では，問題の原因について，それぞれ可能性のある解決策を列挙して，ベストの解決策を選択する．解決方法には，一時的解決と永久的解決があることに留意する．③計画の実行では，計画を確実に実行に移す．"勤勉は成功の母"，"思う念力岩をも通す"という諺を信じて，強気で努力する．④ふり返ることでは，解決策を実行後，問題が解決したかどうかの評価を行う"としている．問題が解決すれば，これで終了となる．未解決の部分が残った場合は，原因の特定が正しかったのか，解決策に不備はなかったのか，などを見直す．また②のステップに戻り，別の解決策を考え，③で実行し，その後④で評価し，問題が解決できるまで，これを続ける．ポリアの教えの真髄を，芳沢は13の思考法にまとめている．それらの思考法は，ものごとの特徴を理解するのに役立つ"帰納的な発想法"や，困った問題を解くときの裏技になる"逆向きに考える"，"兆候から見通す"，また指導者には欠かせない"一般化"，"特殊化"，"類推"の技法などである．テーマ解決でのポリア法の13のキーワードは，"帰納的な発想"，"背理法を用いる"，"定義に帰る"，"条件を十分使う"，"図的表現で考える"，"逆向きに考える"，"一般化する"，"特殊化して考える"，"類推する"，"兆候から見通す"，"効果的な記号を使

う","対称性を利用する","見直しする"である.

③　TRIZ(トゥリーズ)法

TRIZ(トゥリーズ)法は,1946年にロシア人のG.アルトシュラーが提言したものである.そして,彼が第一線を退く1985年までがクラシカルTRIZであり,後述のモダンTRIZ法と区別されている.彼は,40万件の特許を調べる中で,よい発明には一定の法則があることを発見した.この法則の発見は,ロシアでは日の目を見なかったが,1990年代初頭にアメリカにこの発見がわたり,200万件以上の特許分析が進められ,今日のモダンTRIZ法に発展した.技術分野における製品・サービスなどの開発や設計には,一般的な開発・設計のプロセスがあるが,従来のその分野の固有技術の知識や設計法だけでなく,分野を超えて共通に使えるヒントとなる開発・設計プロセスがあるというわけである.特に,発明者には,心理的惰性の早合点や思い込みの排除が必要であるとされている.本人が気付かないままに視野や思考を限定してしまうことを防ぎ,色眼鏡を外すことが大切である.ノーベル賞の発明によくいわれるセレンディピティに相通じるものがあるように思う.セレンディピティとは,何かを発見したという現象ではなく,何かを発見する能力を指し,ふとした偶然をきっかけに閃きを得る能力のことをいう.こういう能力の発揮を手助けしょうとするのがTRIZ法である.そのプロセスを私なりに考えると,①テーマすなわち問題の本質化(満たすべき要求事項の列挙),②真の(複数)要求機能の抽出,③複数の要求機能間の矛盾の整理とその解決のためのアイデア(発明原理)出し,④発明原理をヒントとして具体的なアイデア策,対策案の抽出と整理分析,⑤解決コンセプトの生成,⑥解決コンセプトの最終評価・見直しであると考えられる.そして,TRIZ法の特徴は,相反する複数の要求機能間の矛盾を解決する際に,実際,解決された過去の特許の40の発明原理を対応させて解決策を検討しようとするものである.特に,上記の④,⑤のプロセスに特徴がある.

アルトシュラーのTRIZ法の技術矛盾マトリックスでは,発明原理が番号対応させて40準備されていたが,原理の区分がわかりにくいことなど

から，初心者でも使いやすくするために，長田洋や三原祐治らは，25の発明原理に整理し直している．表1.4は，整理されたこの25の発明原理に対応した機能矛盾マトリックス表である．25およびもとの40のすべての発明原理の詳細内容は章末の参考文献を見ていただくこととして，今回，第6回TRIZシンポジウム2010で三原祐治らが発表した掃除機の例を表1.4に対応させて例示することにする．掃除機の吸引力をあげて，"ごみを十分に吸い取りたいと"という機能に対して，"掃除機が床に張り付いて扱いにくい"という矛盾を解決したいとする．TRIZ法の④のプロセスで，用意された表1.4の矛盾マトリックスから，その矛盾解決に役立つと考えられる発明原理を取り出すことになる．掃除機の場合，悪化している機能

表1.4 機能矛盾マトリックス表

悪化する特性			信頼性・精度		有害性/安全性	...	製造性	量/損失			
			信頼性	精度	有害性/安全性	...	製造の容易性,生産性	物質の量/損失	情報の量/損失	時間の量/損失	エネルギーの量/損失
良化する特性			F1	F2	F3	...	F9	F10	F11	F12	F13
信頼性・精度	信頼性	F1	B1,B2,B3,B4	1,8,11,16	4,13,18,24	...	1,4,24,25	4,8,16,18,23,24,25	4,8	5,8,19	4,8,11,13,17,22,23,24
	精度	F2	1,2,8,11,16	B1,B2,B3,B4	4,5,7,8,14,15,16,20,24,25	...	4,8,12,15,16,22,24,25	1,4,8,10,16,17,19,24,25	1,3,5,8,9,12,15,16,24,25	4,15,16,22,25	1,4,9,13,16
有害性/安全性	有害性/安全性	F3	1,13,18,25	4,5,7,8,11,15,16,20,22	B1,B2,B3,B4	...	1,9,14,22,24,25	1,4,8,14,15,16,17,18,19,24,25	1,4,8,14,23	1,14,15,22,24	1,4,8,13,14,17,22,23,24,25
操作性/耐久性	操作の容易性	F4	7,8,13,16,18,21	1,4,8,9,11,12,15,16,22,24	1,4,12,20,25	...	1,2,4,9,21,22,24	1,2,4,8,9,16,21,22,24,25	5,8,13,14,20,24	4,5,8,13,15,19,24,25	1,4,8,9,11,13,15,16,22,24,25
	制御の複雑性	F5				...					
⋮	⋮		⋮	⋮	⋮	⋮	⋮	⋮	⋮	⋮	⋮
量/損失	物質の量/損失	F10	4,8,16,18,22,24,25	1,4,8,10,15,16,17,19,20,24,25	1,4,8,14,15,16,17,18,19,20,24,25	...	1,4,8,9,11,13,15,16,20,22,24	B1,B2,B3,B4	4,24,25	8,10,22,24,26	1,2,3,4,10,12,13,15,16,17,21,22,24,25
	⋮		⋮	⋮	⋮	⋮	⋮	⋮	⋮	⋮	⋮
	エネルギーの量/損失	F13	4,8,11,13,17,22,23,24,25	1,16,22	1,4,8,13,14,17,22,23,24	...	1,4,5,8,15,19,21,24	1,2,3,4,5,10,11,12,13,15,16,17,22,24,25	8,22	3,4,8,16,22,23,24,25	B1,B2,B3,B4

出典：長田洋（編著），澤口学，福嶋洋次郎，三原祐治：『革新的課題解決法』，日科技連出版社，2011，表3.9より作成．

は，"ごみを十分に吸い取りたいと"の物質の量のF10となり，良化したい機能は，F4の操作の容易性となる．表1.4で少し色が濃い部分が今回の矛盾のマトリックスに相当する．F10とF4のマトリックスに記載されている発明原理の番号は，1，2，4，8，9，16，21，22，24，25である．三原らは，この番号に対応する発明原理を「"1．2．分割／分離原理"で，分けることで脈流にする．"4．代用／置換原理"で，別の方法の静電気，磁気吸引，水の併用など空気以外の気体流体の利用を考える．"8．未然防止原理"で，吸引力と動かしやすさのバランスを制御する．吸い込む前にごみを浮かせるなどを考える．"9．逆発想原理"で，吸引力よりは吐き出し力の利用はどうかなどを考える．"16．局所性質原理"で，空気の流れを，場所によって変える．ごみの量・ノズルの位置によって変える．"21．つりあい原理"で，負圧打ち消し，掃除機上部に気流を作り掃除機内に還流，吹き出し口を作る．"22．振動原理"で，掃除機が床に吸い付きそうになると吸引力を一瞬弱めるなどを考える．"24．特性変更原理"で，吸引力に寄与する特性として流量，流速などの特性を考える．"25．仲介原理"で，別のプロセスとして，吸着性材料を用いて回す」などとしている．

　以上の発明原理をヒントとして検討し，効果のあるものを見つけていく．そして，プロセス⑤で，解決のための効果があると思われるプロセス・コンセプト・ストーリー案を作成する．プロセス⑥で，それを評価して最適プロセスを決めて解決していくというのがTRIZ法の考え方である．

④　KT(ケプナー・トリゴー)法

　ケプナーとトリゴーは，1950年代のはじめにNASAの宇宙開発に対して，開発が全体的に遅れていることに対してのコンサルティングを行う機会を持った．そのときに，開発分野でうまくいっているプロジェクトとうまく進んでいないプロジェクトがあり，その違いと，うまく進んでいるプロジェクトには共通の要素があることに気付いた．開発には，必要な情報に加えて，知識・経験の上に合理的・論理的思考をすることが大切で，特に思考に対して手順化できれば，無駄が省けて質の高い結論に到達すると考えた．この思考をラショナル・プロセス(Rational Process)"合理的・論

理的思考法"とよび，KT 法はこの部分を体系化している．また思考の TQC ともいわれている．KT 法では，テーマ解決に至るまでには，4つの思考状況があるとしている．まず① SA（Situation Appraisal）という状況分析で，取り組まねばならない問題は何か，問題に内在する大項目，中項目，小項目のテーマを明らかにし，それぞれの優先度を評価し，優先度の高いものから，なぜその問題が設定されたのかを，背景となっている情報を集めて整理するという場面である．次には，② PA（Problem Analysis）という問題分析で，あるべき姿と現実の姿との乖離をしっかりと認識し，what 何が，where どこで，when いつ，how much, how many どれぐらい悪いかを明らかにし，その原因を究明していく場面である．そして，③ DA（Decision Analysis）という決定分析で，再度テーマの目的を確認して，原因をなくす対策をいろんな角度から出し，投入可能な経営資源も明確にして，その期待効果や，最適な対策案は何かを決定する場面である．最後は，④ PPA（Potential Problem Analysis）の潜在的問題分析である．テーマ解決にいたるまでのシナリオを作成し，計画を遂行する際のリスクを検討して，そのリスク回避の対策案を用意する．組織として，この思考のサイクルを巡らす慣習を持つことにより，テーマ解決力がきわめて高い集団になることが KT 法のねらいである．

このように，テーマ解決には先人たちの研究努力によりいくつかのそれぞれに特徴をもった役立つプロセスが提案されてきた．しかし，企業が抱える問題は尽きず，内容もより複雑になっている昨今では，よりスピーディに，さまざまなテーマの解決を効率よく進めることができるシンプルなテーマ解決のプロセスが期待されているのではないだろうか．そこで，筆者らは，テクニカルな形式的な部分をできるだけ最小限にし，より平易なテーマ解決手順が示せないかと考え，「ピレネー・ストーリー」を提案する．

（2） 各手法と「ピレネー・ストーリー」との比較

そこで，表 1.5 で，以上の紹介した代表的な 4 つのテーマ解決プロセスのサイクルと「ピレネー・ストーリー」とを PDCA のサイクルに適応させ

表 1.5 代表的なテーマ解決プロセスの PDCA による比較

方法	海軍法	ポリア法	TRIZ 法	KT 法	ピレネー・ストーリー
P	Suitability:テーマは適切か.	問題理解:何が問題か,原因の特定化.	何がしたいのか,真の要求機能を明確化.有益機能・有害機能のパラメータを矛盾マトリックスで整理.	状況把握(SA):現状把握と問題抽出.何が起きていていつまでに何をすべきか.	・問題の本質探索,目標設定,あるべき姿の明確化,その程度を数値化 ・テーマタイプを決める.
D	Feasibility:解決手段は柔軟か.	計画立案:可能性のある解決策の列挙.一時的解決策,永久的解決策の留意.各段階を検討.	TRIZ の視点:200万件の特許から40の発明原理に分類.矛盾マトリックス表から解決のヒントとなる発明原理・思考プロセスを得る.	問題分析(PA):問題の明確化.事実の整理.原因の特定.原因の絞込みと裏づけ.なぜ起きたのか.	・テーマタイプ別の解決に役立つ基本力を駆使した対策立案 ・すぐ対策の実施―結果から原因探索
C	Acceptability:予想結果を想定.	計画を着実に実行する.解決の後の評価.結果を試す.違った方法で結果が導けるか.	Effects の活用:実例の活用と原理・法則展開.いろんな技術の中から,問題解決に有益な原理を引く.結果の予知.	決定分析(DA):目的の明確化.目標設定.案の発送と評価.リスク評価と最適案の決定.どのように対応すべきか.	効果の確認―手ごたえのある要因は何か.
A	Acceptability:次の問題は何か.	未解決なら原因特化に戻る.	進化のパターンを読む.	潜在的問題分析(PPA):リスク想定と対策計画.何がおきそうか.	・標準化の仕組み ・次のテーマ解決力の向上を目指す教育.

て比較した．どの解決プロセスでも，問題の把握，テーマ決定を重視しているのが共通の特徴であるが，問題の要因解析以降は，それぞれの取組み方や切り口が異なっている．それは，それぞれのねらうテーマが異なっているからである．ポリア法や TRIZ 法は，数学的な証明や技術の開発に関するものであり，テクニカルすぎる側面がある．技術関連以外の KT 法は，どの段階でも分析が多く，活用するのには経験が必要と思われる．海軍法は考え方としてはわかりやすいが，シンプルしすぎて今度はどのように活用するのかという具体的なステップがわかりにくい．

このように，いずれも"帯に短したすきに長し"の感があり，テーマがあっても，どの解決プロセスが適しているかを判断する術もすぐには身につけられなかったのではと考える．その点，「ピレネー・ストーリー」は，専門的・技術的な側面も少なく，考え方もわかりやすく，適用においてもシンプルなので，どのようなテーマ解決にも適用できると考える．

引用・参考文献

[1] 日本科学技術連盟（編）：「クオリティフォーラム報文集」, 日本科学技術連盟, 2001～2007.
[2] 高橋量一：『組織認識論の世界Ⅰ－Karl E.Weickの世界』, 文真堂, 2010.
[3] 石川馨：『第3版 品質管理入門』, 日科技連出版社, 2001.
[4] 由井浩：『日米英企業の品質管理史』, 中央経済社, 2011.
[5] 今里健一郎：『改善力を高めるツールブック』, 日本規格協会, 2004.
[6] F.W.テイラー著, 有賀裕子訳：『新訳－科学的管理法』, ダイヤモンド社, 2009.
[7] 中野裕治, 貞松茂, 勝部伸夫, 嵯峨一郎（編）：『はじめて学ぶ経営学』, ミネルヴァ書房, 2007.
[8] 野口博司：「これからの問題・課題解決アプローチ法」,『第46回日本経営システム学会全国研究発表大会 講演論文集』, 日本経営システム学会, pp.84～87, 2011.
[9] G.Johnson, K.Schles & R.Whittington,"Exploring Corporate Strategy", Financial Times Prentice Hall, 2008.
[10] 長田洋（編著）, 澤口学, 福嶋洋次郎, 三原祐治：『革新的課題解法』, 日科技連出版社, 2011.
[11] 日本TRIZ協会：「特別企画『TRIZで問題解決・課題達成— TRIZの全体像と活用法』」,『標準化と品質管理』, 日本規格協会, Vol.66, No.2, pp.2～54, 2013.
[12] G.ポリア著, 柿内賢信訳：『いかにして問題をとくか』, 丸善出版, 1975.
[13] 芳沢光雄：『いかにして問題をとくか 実践活用編』, 丸善出版, 2012.
[14] 高多清在・小林久司：『強いリーダーを創る戦略策定＆意思決定法』, 実業之日本社 1993.
[15] 狩野紀昭（監修）：『課題達成型QCストーリー』, 日科技連出版社, 1993.
[16] 野口博司：「統一論題「課題達成アプローチ上のキーポイントについて」」,『第49回日本経営システム学会 全国研究発表大会 講演論文集』, pp.32～35, 2012.
[17] 飯塚悦功, 金子龍三：『原因分析』, 日科技連出版社, 2012.
[18] 岩崎日出男（編著）：『質を第一とする人材育成』, 日本規格協会, 2008.

第2章
「ピレネー・ストーリー」の活用テクニック

　第1章で示したテーマ解決のプロセス分析の成果とワイク教授の「組織化の戦略地図」の考え方とを取り入れた「ピレネー・ストーリー」の各ステップを紹介する．ただし，読者の方は，代表的な QC 手法である QC 七つ道具や新 QC 七つ道具(N7)などはよくご存知であるという前提で示す．

　活用の仕方については，ある企業の協力のもとで，テーマ解決への道のりとして「ピレネー・ストーリー」を実践してもらったので，その実践活動を通じて得た留意点を加えて紹介する．

2.1　「ピレネー・ストーリー」の各ステップ

　テーマ解決の道のりである「ピレネー・ストーリー」は，図 2.1 に示す 8 つのステップから構成される．

2.2　問題の本質探索【ステップ1】

　ステップ1は，発見した問題の本質は何か，その本質をとらえてテーマ

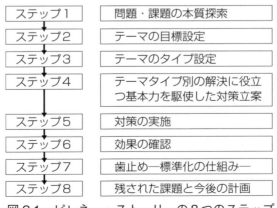

図 2.1　ピレネー・ストーリーの 8 つのステップ

化する最初のステップである．問題としたいテーマ内容は何かを明確にする．問題の工程の上流に本質的な論点（視点）があり，それを考えることが大切である．

ただ状況によるが，解決できる確率の低い問題の論点は，当面の間，先送りするほうがよいと考える．また，問題提起者（社長，部門長，担当者など）により問題に対する視点，すなわち論点は異なるので，それぞれの立場から論点を考え，その論点を問題点に置き換えて，テーマの候補を拾い出す．

例えば，「顧客情報が従業員から外部へ漏れる」という問題に対して，情報部門長の論点なら従業員のモラール低下が問題であるとし，従業員の機密保持意識の向上を検討するだろう．担当者の論点ならコンピュータセキュリティの問題としてコンピュータのハード・ソフトでの不備を徹底して取り上げるのではと考えられる．ところが，社長の論点は，従業員のモラール向上よりも，外部への流出は完全には防げないとして漏えい時のリスクを最小限にする対処法がないことを問題とするかもしれない．

問題を発見したら，その問題の論点を拾い出し，組織としての真の論点は何かを関係者で検討し，所轄の部門長の責任の下で選んだ論点からテーマを決める．そして，コンセンサスを得たメンバーでテーマ解決チームを構成し，チーム組織のコミュニケーション力とテーマ解決への意識高揚を図り，テーマ解決に取り組む．

（1）問題の本質探索の進め方

問題の本質探索を進める際に，次に示す3つの観点から実施する．

① 何が問題かを発見する．そして，問題の論点を洗い出し整理して，テーマを絞る．

② 悪さ，あるいはあるべき状態を具体的に明らかにして，テーマに置き換える．その際に，手段を決めたテーマ名にならないようにする．

③ テーマの重要性を再確認し，ある程度，テーマに存在する問題の

大きさを数値で表せるように工夫する．
　テーマの決定は所轄の部門長にあり，2～3年先を考えたテーマになることが望ましい．コンセンサスを得たメンバーで解決チームを構成し，上司が中心となり，チーム組織のコミュニケーション力と問題意識の高揚を図る．そして，チーム全員が，「必ずこのテーマを解決する」という意識をもつことが非常に大切である．

1）問題とは「理想」と「現実」の差

　問題を見つけるには，「理想」と「現実」のギャップを考える．現状が悪いときは，「この現状をなんとかしたい」ということから問題を認識できる．しかし，現状がそう悪くないときは，「今のままでいいのではないか」と問題を認識することが難しくなる．しかし，今，気づかない潜在的な問題を認識することができれば，優良企業として発展することができる．そのためには，絶えずこうありたいという「理想」と，今はこの状態だという「現状」を客観的に知る必要がある．そして，理想と現状との差「ギャップ」を知ることによって，「問題」を認識することができる．

　「今月の売上，少し落ち込んでいるようだが？」「そうかな，まあまあいい状態だと思うが？」こんな会話が聞こえてきたら，今月の売上データをグラフに表してみる．そうすると「先月と比べると少し売り上げが落ちてきているな」と気づくことができる．

　理想（あるべき姿）と現状のギャップから問題を探るには，図2.2に示すように考えるとよい．

手順1：「困っていること」または「望んでいること」を書き出す

　職場で「これをなんとかしたい」，または「こうであればいいな」など，皆で議論して書き出す．トラブルに遭遇したとき，すぐに関係者が集まって，その場で議論するのも一つの方法である．

手順2：ギャップを見つけ，取り組むテーマを設定する

　困ったことを書いたときは，「現状」の欄に困ったことの具体的な内容を書く．このとき，困ったことに関連する事実のデータを測定し，グラフに表し，事実確認を客観的に行う．

2.2 問題の本質探索【ステップ1】

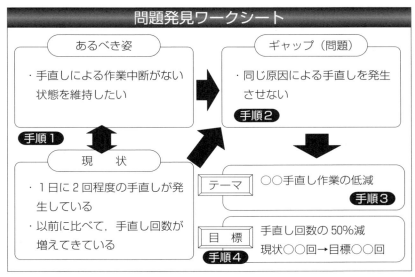

図 2.2 問題発見ワークシート

望んでいることを書いたときは,「あるべき姿」の欄に望んでいることの具体的な内容を書く.このとき,言葉では表しにくい場合には,イメージ図などを添付しておく.

手順3：相反することを考え，ギャップを見つける

困ったことから「現状」を書いたときは,どうあればいいのか目標などを考えて「あるべき姿」を書く.望んでいることから「あるべき姿」を書いたときは,今がどうなっているのか「現状」を具体的に書く.

以上のことから,ギャップを見つけ出す.これが取り組むべき「問題」となる.

手順4：取り組むテーマを設定する

手順3で見つけた「問題」を解決するためのテーマを設定する.

テーマは,問題をどうするという目的を具体的に表現する.ここでは,問題を解決する対策を書かないようにする.

  よい例 ：技術と営業の思い違いによるクレームの減少
  よくない例：契約業務処理システムの構築

2) 仕事の結果から問題を見つける

仕事の結果はばらつきをもっている．このばらつきが大きいと，そこに問題が発生している．この問題を見つけるには，次のような状態になっている仕事に着目してみることである．

① 結果のばらつきが大きい
② 標準どおりに進められない
③ 抜け落ちが発生している
④ 後工程に迷惑をかけた
⑤ 処理に多くの時間がかかる
⑥ 応急処置に追われている

3) 問題をつくってみる

仕事は，さまざまな組織が分担して行っている．自部署では問題なく行っていても，仕事のつなぎである「業際」に目を向けると，スムーズに進められていないことがある．

自分たちが行っている仕事を客観的に見てくれるお客様や他部門の人たちの声がある．そんな人たちから自分たちの仕事のやり方について意見を言われたとき，「そんなはずはない」と否定するのではなく，「そうか，気がつかなかった」と素直に受けとめることによって，潜在的な問題を見つけることができる．

さらに，今はよい状態であっても，これからの競争社会に打ち勝つために，目標レベルを少し上げてみることも必要である．

(2) 問題の本質探索の活用の仕方

ステップ1は，「ピレネー・ストーリー」において大切なステップなので，実際にテーマ解決を進めた経緯をここで紹介して，その体験から得た活用の仕方などを以降に述べることにする．

最初に各組織から提示されたテーマ名は，いずれも生産性向上，生産技術確立，操業性改善などと抽象的であり，各組織にどのような製品のどの

表 2.1 ピレネー・ストーリーを実践して再検討されたテーマ名

最初のテーマ名	検討後のテーマ名	タイプ
①○○の破断低減による生産性向上	①○○の破断回数の低減	B慢
②△△の生産技術確立	②新製品△△の本生産技術の確立	C課
③□□機の操業性改善	③○○製品の格落ち率の低減	A問
④○○の生産技術確立	④○○製品の原料ロスの低減	D効
⑤××の品質3表の作成	⑤◇品の新工場での安定生産法の確立	C課
⑥■部位の品質安定によるロス低減	⑥■品の□巻付き件数の低減	B慢
⑦○○用◇◇の生産技術確立	⑦○○品の左右重量差の低減	C課
⑧▼▼操業性改善による原単位向上	⑧▼▼の延伸糸切れ件数の低減	C課
⑨××歩留り向上	⑨××銘柄の巻き付きロス量の低減	C課
⑩▲▲の生産効率	⑩▲▲の◇◇工程の仕掛時間の短縮	D効
⑪●工程に基因する苦情件数の低減	⑪●工程のトラブル件数の低減	B慢
⑫△△品の外観キズ不良低減	⑫△△の外観キズ不良件数の低減	A問
⑬受注状況厳しい中での生産性維持	⑬総労働時間あたりのスループットの維持	E活

ような不具合を低減したいのかを聞かないとわからなかった．そこで，ステップ1の問題の本質探索に入り，検討してもらった後のテーマ名が**表2.1**である．

例えば，表2.1の⑤のテーマでは，手段の品質3表の作成を最初のテーマ名にしたテーマも目的の表現に置き換わっている．部門長の責任で決めた後述する各テーマのタイプは，表2.1の項目のタイプ欄に示している．表中右のタイプ名は，それぞれA問が「現場の不具合問題タイプ」，B慢が「慢性不良問題タイプ」，C課が「未然防止・課題タイプ」，D効が「効率化問題タイプ」，E活が「教育・活性化活動タイプ」を示している．

これらの13テーマを後述の「ピレネー・ストーリー」に沿って，約半年間にわたってテーマ解決を進め，各ステップでの進捗具合を評価した結果が**表2.2**である．

"○"はうまく進められたことを示し，"△"は不十分であったことを示している．"S"はステップのことを示し，"S1"本質(問題・課題本質探索)と"S2"目標(テーマの目標設定)に"△○"とあるのは，当初はテーマの目標が具体的でなかったが(前の"△")，現状把握を進めながら関係

表2.2 各テーマの進捗評価

テーマ名	タイプ	S1:本質	S2:目標	S3:タイプ	S4:基力	S5:対策	S6:効果	S7・S8	総
①○○の破断回数の低減	B慢	△○	△○	○	解・検	△○	△○	○	○
②新製品△△の本生産技術の確立	C課	○	○	○	構・予	△○	△○	○	◎
③○○製品の格落ち率の低減	A問	△○	△○	○	解	△○	○	○	◎
④○○製品の原料ロスの低減	D効	△○	△○	△○	推・予	△△	△△	△	△
⑤◇品の新工場での安定生産法の確立	C課	△○	△○	△○	構・予	△△	△△	△	△
⑥■品の□巻付き件数の低減	B慢	△○	△○	○	解・検	△○	△○	○	○
⑦◎◎品の左右重量差の低減	C課	△○	△○	○	構・予	△○	△○	○	○
⑧▼▼の延伸糸切れ件数の低減	C課	△○	△○	○	構・予	△○	△○	○	○
⑨××銘柄の巻き付きロス量の低減	C課	△○	△○	△△	解・検	△△	△△	△	△
⑩▲▲の◇◇工程の仕掛時間の短縮	D効	△△	△△	△△	推・予	△△	△△	△	△
⑪●工程のトラブル件数の低減	B慢	△○	△○	○	解・検	△△	△△	△	△
⑫△△の外観キズ不良件数の低減	A問	○	○	○	解	△○	△○	○	○
⑬総労働時間あたりのスループットの維持	E活	△△	△△	△△	構	△△	△△	△	△

者と論点を交わすことで，目標がより明確に定まったこと(後の○)を示している．

また，"総"は総合評価のことで，"○"，"◎"を記し網掛けしてあるテーマは，目標を達成できたテーマである．特に◎のテーマは，目標を達成しただけでなく，他への転用も可能となりいくつかの副次効果が出たことを意味している．総合評価の"△"は，この半年間ではテーマ解決での目標達成には至らなかったテーマである．この半年間で，7件が目標達成したことから，当初の計画に対して全体的には7/13 = 0.54となり，54%

の達成率であった."△"のテーマは,引き続きテーマ解決が進められている.

　当初のテーマは,生産性の向上や操業性の改善など,下位にいくつか問題点やサブテーマを含んでいる場合が多い.そこで,「What is bad?」を繰り返して現状の把握を進め,真に困っている問題は,どのような製品のどのような不具合か,また,真に達成したいテーマは,現状よりどれくらいよくなった状態を考えているのか,テーマのもつ本質とその深層をブレークダウンし,関係者との相互理解を進め,具体的なテーマの設定を図っていく.

　例えば,生産効率を図りたいのは,材料や製品の歩留りを向上させて効率化を目指すのか,ネック工程の製造時間を短縮するのか,あるいは,今の生産速度を2割くらい向上させるのか,生産効率を何によって上げようとするのかを検討して,テーマ化を検討する.その際に,問題点を具体的に把握することや,現状からどのような姿にしたいのかを具体的な姿にすること,先入観で行動を起こさずに,事実に基づいたデータで,テーマの背景を正確に把握することがもっとも大切である.

　問題が起きている現場やあるべき姿にしたい職場に赴き,実態を知り,必要な関係者らと会い,状況を正確にとらえることが重要である.好ましいテーマの設定は,より深い問題の本質探索の検討によって可能となる.

　組織として,常に問題意識を共有化し,真の問題とは何かを見出せるようになると,さらなる組織のレベルアップが期待できる.

　決めたテーマは,もう一度,組織が重要とするテーマであり,そのテーマを解決することで,組織の役割が果たせ,引いては企業の業績の成果を生むことができるかを確認する.

　組織として,このテーマ解決を達成するのだという気概と信念をもつこと,テーマ名は具体的な現象の表現となっており,その程度が数値化できて,自責で解決できるものになっていることが大切である.ステップ1を進める状況をイメージで示すと図2.3のようになる.

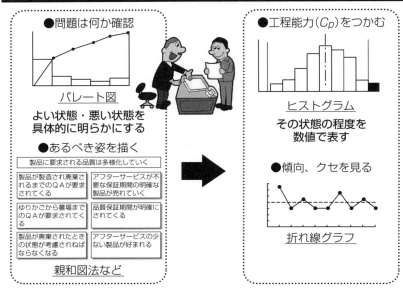

図2.3　ステップ1の進捗状況イメージ

(3) 問題の本質探索の3つの留意点

問題の本質探索を実施する際の留意点は，次の3つである．

① 問題の実態をよく観察し，事実をよく調べてテーマ化を考える
② テーマの背景にある危機感と重要性を認識する
③ 組織として，必ずテーマ解決を果たすという意欲をもつ

次にステップ2の目標設定に進みながら，目標設定から，もう一度テーマ名は本当に問題が明確に表現されているかを確認することも必要である．

2.3　テーマの目標設定【ステップ2】

ステップ2では，まずテーマ解決が終えたときのあるべき姿の状態は，どういう状態になっているかを考える．そして，そのあるべき姿を定量的に表せる指標をいくつか作り，その指標の中から一番テーマ解決の成果がとらえられそうな指標とその目標値を定める．

その指標では，比率や，単価と改善量を掛けた金額などを用いるのは控

2.3 テーマの目標設定【ステップ2】

える．換算によって，実際の不具合量の削減効果が見えなくなる場合があるので，できるだけ絶対的な尺度で比較することを心がける．目標設定は，現状レベルに加えて，過去の実績や他社，競合相手との比較により適切なレベルで定め，現状レベルと目標レベルのギャップが認識できるようにする．そして，チーム全員が合意して目標値を設定する．

(1) テーマの目標設定の進め方

テーマの目標設定を進める際に，次に示す3つの観点から実施する．

① あるべき姿をできるだけ具体的に描く
② あるべき姿に至った程度が確認できる指標を作る
③ 納期に見合った目標値を設定する

目標レベルをもう少し上げるとどのようになるのかなどを考えて，達成すべき時期もタイムリーになるように定める．そして，成果がわかるような目標とその値を設定する．

目標は，取り上げた問題を，いつまでに，どのくらいの値にするのかで設定する．このとき，テーマの達成度合いをもっともよく表している数値で設定する．

問題を解決するときの目標値は，問題の特性値の実態を把握し，どれだけ低減させるかを決める．

(2) テーマの目標設定の活用の仕方

テーマが解決に至ることがわかる管理特性を目標の指標として選ぶ．その指標は数値で表せる工夫が必要である．そして，その管理特性では，現状はどの位なのかを正確に把握する．

目標設定は，安易に職制の立場の体裁から努力レベルやあるべき論で設定して，絵に描いた餅的な目標になっていないかを確認する．必ず必達レベルで設定し，質，量，コストと同時に，時間や期限も忘れずに目標を定める．

目標値は，テーマの該当製品の市場，顧客や競合相手の動向などを勘案

ステップ2：テーマの目標設定（イナクメント過程後半）

① テーマ解決がわかる指標を検討して決める．

② 決めた指標での現状地を確認し，目標値を定める．

③ 目標値はチーム全員が合意しており，納期に見合っているかを確認する．

図2.4　テーマの目標設定の進捗状況イメージ

して，テーマ達成時に到達しておきたい目標値とするのがよい．

(3) テーマの目標設定の3つの留意点

テーマの目標設定を実施する際の留意点は，次の3つである．

① 現状レベルと目標レベルのギャップを，定性的な状態の差と定量的な程度との差で認識する

② 組織として，目標（何を，いつまでに，どのくらいにするのか）について合意する

③ 組織・チームとして活動計画を立て，関連部門との協力体制を作る

ステップ2を進める状況のイメージは**図2.4**のようになる．

2.4　テーマのタイプ設定【ステップ3】

ステップ3では，決めたテーマの内容が次のどのタイプに相当するかを検討する．テーマのタイプは下記のA〜Eの5つである．あてはまるテーマタイプがない場合でも，所轄部門長の責任のもとで，もっとも近いと思

2.4 テーマのタイプ設定【ステップ3】

われるタイプを決める．

A：現場の不具合問題タイプ

　現場などで不具合が発生し，その再発防止を図ることを目的としたテーマタイプである．例えば，製品の品質不良や作業の不良，事務での不具合，設備故障などである．

　このようなテーマタイプに対しては，発生している問題の中で重要と思われる問題点を抽出し，その重点問題の原因を4M（人，設備機械，使用材料，作業方法）の観点から原因を特定化していき，その原因つぶしを行い，不具合を低減・解消していく．

B：慢性不良問題タイプ

　現実に発生している不良品や不具合がなかなか減らない問題のテーマタイプであり，仕事のプロセス（人，システム，作業方法など）の不備により発生していると考えられる問題のタイプである．不具合でも慢性的に発生している問題のタイプである．

C：未然防止・課題タイプ

　まだ発生していないが，一度発生すればさまざまな悪影響が考えられる問題のテーマタイプである．あるいは，部門をよりあるべき姿にもっていきたいという課題タイプである．

　前者の未然防止では，事前に潜在的要因を探しだし，発生を食い止める．後者のあるべき姿を達成するには，あるべき姿をできるだけ具体的な姿にして，現状とのギャップの状態を定性的かつ定量的な違いで明確に把握し，創意工夫した方策展開で，あるべき姿を構築していく．

D：効率化問題タイプ

　現状では目立った悪さというものはないが，競合相手や顧客のニーズや経営状態から見て，現状のやり方のままでは利益などを上げるのが困難に

なってきている問題であり，このタイプは部門の業務・作業の時間短縮，在庫の削減，製造コストの削減，開発工数の削減などが該当する．業務や工程の効率化を阻害する要因を改善していく．

E：教育・活性化活動タイプ

　企業が直面する問題や課題を克服するために，従業員の企業活力を養う各種の教育や啓蒙活動を行い，活性化に努める問題のタイプである．

　具体的には，商品開発の活性化，QCサークル活動の活性化，CS運動の活性化，管理技術教育の活性化，地球環境負荷低減活動，新工法・工程の開発，企業顧客満足度の向上や従業員の意識改革などが該当する．

(1) テーマのタイプ設定の進め方

　テーマのタイプ設定を進める際に，次に示す3つの観点から実施する．
　① 取り組むテーマは5つのどのタイプに属するかを関係者と検討する
　② どのタイプにもあてはまらないと思われるテーマでも，どのタイプに近いか検討する
　③ 最終的には，所轄部門長の責任の下で，取り上げたテーマがどのタイプに属するのかを決める

現在企業が抱える問題・課題のテーマは，この5つのいずれかの分類に含まれると考える．そして，取り組むテーマはどのタイプになるのかを関係者とよく検討する．テーマタイプ決定の最終責任者は，テーマ所轄部門の長が負う．テーマ推進の担当者はテーマ内容をよく認識して，次のステップ4で，特に重要となる基本力を意識するようにする．

(2) テーマのタイプ設定の活用の仕方

　テーマは，個別の不具合だけでなく，仕組みの不備，まだ起きていないが近い将来に対応が必要な課題，従業員の意識高揚推進などがある．テーマ名と目標値が定まれば，その取り組むテーマの内容から，下記のどの

2.4 テーマのタイプ設定【ステップ3】

テーマタイプに属するのかを関係者とよく討議する．

　現場の不具合などを低減するテーマは現場の不具合問題タイプ，不具合でも慢性的に発生しているテーマを解決する場合は慢性不良問題タイプ，未然防止したい・あるべき姿を実現したいテーマの場合は未然防止・課題タイプ，コスト削減や生産や業務の手間削減などの効率を図りたい場合は効率化問題タイプ，顧客満足度の向上や従業員の意識改革などに関するテーマは教育・活性化活動タイプとする．もし，該当するタイプがなければ，この5つのタイプの中で，一番近いと考えられるタイプとする．タイプの決定は，最終的には，本テーマに属する部門長が責任をもって行う．テーマ推進担当者らは，決められたタイプをよく理解して，次の解決策検討の際に必要となる基本力を認識する．

　一般的に，近年，企業が抱えているテーマは，問題タイプは少なく，慢性不良問題や未然防止・課題タイプが多くなってきている．

(3) テーマのタイプ設定の3つの留意点

　テーマのタイプ設定を実施する際の留意点は，次の3つである．

① 最初にテーマタイプを決められなくても，テーマ解決を進めていけばテーマがもつ問題点や課題点がより明確になり，タイプがわかる．そのうえで，関係者全員と再討議して，部門長の責任の下でテーマタイプを決める

② テーマの該当タイプが上記の5つのいずれにも属さない場合は，第1章で示した基本力の3次元成分構造のどこに今回のテーマは位置づけられるかを検討する．位置づけられた象限から，関連する基本力を読みとり，その基本力を次のステップで活かす

③ 問題タイプ以外のタイプは，部門長がリーダーシップを発揮して，組織全員で力を結集させて目標達成を目指す

ステップ3を進める状況のイメージは図2.5のようになる．

ステップ3：テーマのタイプ設定（淘汰の始まり）

① テーマ内容は次のどのタイプかを決める

- **A** 現場の不具合問題タイプ
- **B** 慢性不良問題タイプ
- **C** 未然防止・課題タイプ
- **D** 効率化問題タイプ
- **E** 教育・活性化活動タイプ

● 最終決定は，部門長が責任をもつ

② テーマ推進者はタイプの内容を認識する

図2.5　ステップ3の進捗イメージ

2.5　テーマタイプ別の解決に役立つ基本力を駆使した対策立案【ステップ4】

(1) 基本力とは

テーマ解決を進めるには，テーマタイプ別に異なる5つの基本力が重要となる（**表2.3**）．

表2.3　5つの基本力の概要と関連するQC手法

基本力	概　要	関連するQC手法
解析力	数値データを使って問題の原因を分析し，固有技術で裏付けた策を展開していく力	QC七つ道具を中心とした管理技術手法など
構想力	言語データを使って目標と現状とのギャップを認識し，課題解決へのプロセスを組み立てていく力	新QC七つ道具を中心とした図的発想技法など
推理力	新たな問題の原因について既知の事実をもとにギャップ分析を行い，新たな他の事実を発見していく力	仮説検証や重回帰分析を中心とした多変量解析など
検証力	目標達成へのメカニズムや道のりの事実関係を調べ，その関係を明らかにし，ひとつずつ確認していく力	統計解析，サンプルからの検定・推定や実験計画法など
予知力	事態発生のメカニズムが明確にできなくても，起こり得る事態をなんらかの兆候で事前に知る力	OR，PDPCや信頼性予測手法のFMEA・FTA，検証的アプローチ法など

1）解析力とは

解析力とは，問題は何かを調べて数値データなどを取り，その原因を細かく分析し固有技術で裏づけた策を展開して改善を進め，歯止めを行い，その後の維持管理を行う力である．

2）構想力とは

構想力とは，数値データが得られなくても言語データなどを利用して，目標と現状とのギャップを認識し，まず実現すべき課題と今後の課題を明らかにして，今の課題解決へのプロセスを組み立てていく力である．

3）推理力とは

推理力とは，解決プロセス上で今まで考えなかった新たな問題点を抽出し，その問題の原因を探索するために，既知の事実をもとに考えられる他の事実を設定し，特別な調査やギャップ分析を行い，その設定を確認しながら評価も進め，新たな他の事実を発見していく力である．この推理力は，どのタイプのテーマにも必要な基本力となる．

4）検証力とは

検証力とは，目標達成へのメカニズムや道のりを見つけて，実際にその事実関係を調べて，その関係を明らかにし，確実に1つずつ確認していく力である．

5）予知力とは

予知力とは，起こり得る事態を事前に知る力（事態発生のメカニズムが明確にできなくてもなんらかの兆候で事態を察する力）である．

(2) テーマタイプと基本力の関係

次に，テーマタイプと基本力の関係を解説する．

1) 現場の不具合問題タイプ

現場の不具合問題タイプでは「解析力」が重要となる．この「解析力」を向上させる手法は，QC 七つ道具を中心とした特性要因図やヒストグラム，パレート図，散布図などの基本統計手法である．これらの手法を用いて，問題を起こしている原因を解析して抽出し，その原因をなくすための対策を検討する（図 2.6 参照）．

2) 慢性不良問題タイプ

慢性不良問題タイプでは，「解析力」に加えて「検証力」が極めて重要となる．「検証力」を向上させる手法は，仮説検定・推定，実験計画法などである．問題の要因解析を進めるとともに，想定される要因を考え，上記の手法などを用いて，どの要因が原因なのかを検証し，確認できたら対策を検討する（図 2.7 参照）．

3) 未然防止・課題タイプ

未然防止・課題タイプでは，「構想力」と「予知力」が重要となる．「構想力」を向上させる手法は，新 QC 七つ道具のマトリックス図法，系統図法，親和図法などの図的発想技法である．また，「予知力」を向上させる手法は，PDPC 法，FMEA，FTA，弁証的アプローチ法などである．想定される潜在要因やあるべき姿にもっていくための要因を，上記の手法などを用いて洗い出し，各要因の顕在化する結果への寄与を考える．寄与が高いと思われる潜在要因から，そのための対策を英知を集めて立案する．対策立案での発想が重要である（図 2.8 参照）．

4) 効率化問題タイプ

効率化問題のタイプでは，現状では悪さが表れていないので，効率に結びつく要因を推理する「推理力」が重要となる．さらに，対策を一度に実施できない場合が多いので，どの要因が結果への影響が大きいか「予知力」も必要となる．

2.5 テーマタイプ別の解決に役立つ基本力を駆使した対策立案【ステップ4】

A．現場の不具合問題タイプの対策立案

● QC七つ道具などを中心とした特性要因図やヒストグラム，パレート図，散布図などを用いて，問題を起こしている原因を解析して抽出し，その原因を潰す対策を検討する．

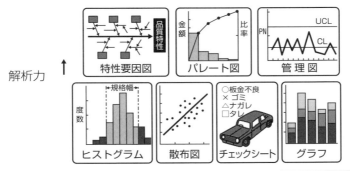

● 関連図法や系統図法，親和図法なども用いる．

図2.6　現場の不具合問題タイプの対策立案

B．慢性不良問題タイプの対策立案

●「解析力」に加えて「検証力」が必要．問題の要因解析を進めるとともに，想定される要因を考え，仮説検定・推定や実験計画法などを用いて，どの要因が原因なのか検証し，確認できたら対策を検討する．

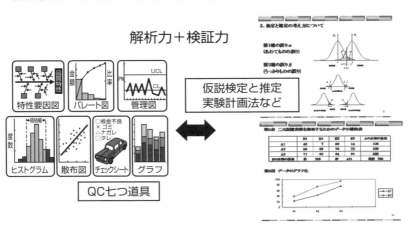

図2.7　慢性不良問題タイプの対策立案

C. 未然防止・課題タイプの対策立案

● 想定される潜在要因やあるべき姿にもっていくための要因をN7手法などを用いて洗い出す．そして，各要因の結果に対する寄与を考える．寄与が高いと予知された要因から，その対策を英智を集めて立案する．

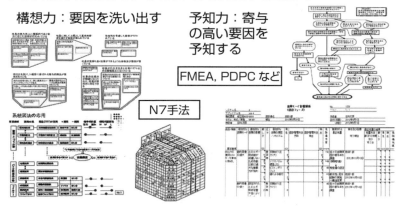

図2.8　未然防止・課題タイプの対策立案

「推理力」を向上させる手法として，重回帰分析などの多元的な応用統計手法が有効である．現状把握・解析に努めるだけでなく，特別な調査や分析を行い，非効率になっている原因を推理する．そして，それらの原因をなくす対策を検討して，どの対策を実施したら，効率がよくなるのか OR (Oparations Research)手法を用いて最適化できる組合せを検討したり，どのような効果がもたらさせるかなどを何らかの兆候から予知する．理詰めでテーマ解決を進めるのが難しいタイプで，対策検討の過程で得た「閃き」，すなわちセレンディピティのような力により，大きな解決への糸口となる対策が生まれる（図 2.9 参照）．

5) 教育・活性化活動タイプ

教育・活性化活動タイプでは，「構想力」と「推理力」が重要となる．これらを向上させるには，新 QC 七つ道具や多変量解析諸法が有効となる．このタイプでは，新 QC 七つ道具などを用いて，活性化した状態の姿をでき

2.5 テーマタイプ別の解決に役立つ基本力を駆使した対策立案【ステップ4】

D．効率化問題タイプの対策立案

● 効率に結び付く要因を推理するとともに，特別な調査分析を行い非効率な原因を推理する．要因と原因から効果のある対策を予知して立案する．理詰めでのテーマ解決の推進が難しく，セレンディピティのような力により大きな解決の糸口を得る．

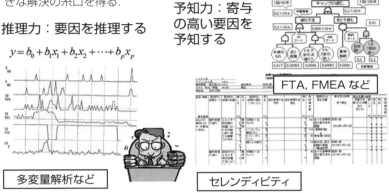

図2.9　効率化問題タイプの対策立案

るだけ具体的に描く．そのあるべき姿と現状の姿とのギャップ認識から，そのギャップを埋めるための対策を，新QC七つ道具などを用いて出す．工夫した対策を創出することが大切であり，あるべき姿を実現できるにはどの対策案が最適かを推理，評価し，展開計画を立てる（**図2.10**参照）．

(3) テーマタイプ別の解決に役立つ基本力を駆使した対策立案の進め方

① テーマ解決の対策を固有技術の見地を中心として数多く立案する
② さらに効果的な対策立案を検討する際に，タイプ別に必要となる基本力を意識し，要因解析や対策立案，評価などを進めるために適合するQC手法の活用を行う

タイプ別に，特に重要とされる基本力を再びまとめると，以下のとおりとなる．対策立案時や要因分析時には，この基本力が発揮できる手法の適用を考える．

1）現場の不具合問題タイプ→「解析力」

E．教育・活性化活動タイプの対策立案

● あるべき姿をN7手法などを用いて具体的に描く，そして，その実現のための要因を創出する．各要因の結果に対する寄与を考える．寄与が高いと予知された要因から，その対策を英智を集めて立案する．

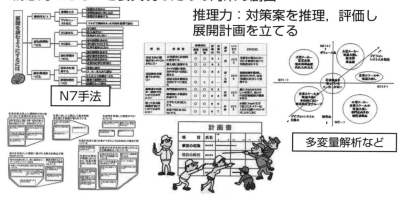

図2.10　教育・活性化活動タイプの対策立案

2）慢性不良問題タイプ→「解析力」＋「検証力」
3）未然防止・課題タイプ→「構想力」＋「予知力」
4）効率化問題タイプ→「推理力」＋「予知力」
5）教育・活性化活動タイプ →「構想力」＋「推理力」

テーマタイプと各基本力との関係・基本力を発揮する手法の関係を示したのが表2.4である．

③　QC手法については必要都度学習して適用する

QC手法の活用を推奨しているが，対策立案には，あくまでも長い経験による固有の知識，各種の理論をもっていることが必要である．いくらQC手法を用いても，理論や固有技術がなければ，テーマ解決は困難となる．

(4) テーマタイプ別の解決に役立つ基本力を駆使した対策立案の3つの留意点

ステップ4を実施する際の留意点は，以下の3つである．

2.5 テーマタイプ別の解決に役立つ基本力を駆使した対策立案【ステップ4】

表2.4 テーマタイプと各基本力との関係・基本力を発揮する手法

	解析力	構想力	推理力	検証力	予知力
1）現場の不具合問題タイプ	◎		○		
2）慢性不良問題タイプ	◎		○	◎	
3）未然防止・課題タイプ		◎	○		◎
4）効率化問題タイプ			◎		◎
5）教育・活性化活動タイプ		◎	◎		
特に活用が期待できる管理技術手法	QC七つ道具を中心とした基本統計手法など	新QC七つ道具を中心とした図的発想技法など	仮説検証や重回帰分析を中心とした多変量解析諸法など	統計解析サンプルからの推定・検定や実験計画法など	OR, PDPC, 信頼性予測法のFMEA・FTA, それに弁証的アプローチ法など

① どのテーマタイプも，これら5つの基本力が必要だが，より効率よくテーマ解決を果たすためには，表2.4に示した「◎」のタイプにより重要な基本力を意識し，その切り口からの対策立案に努めて，テーマ解決を進める

② 基本力をより発揮するには，適切な管理技法を用いるが，対策立案のベースは，あくまでも長い経験による固有の技術と知識，各種の理論から導かれる．管理技法はツールなので，これらに頼り過ぎないことが重要である

③ どのテーマタイプでも，解析力と推理力で進めれば，見通しが得られることが多い．テーマ解決が困難なほど，解析により推理を進め，仮設を立ててその検証を行うことを繰り返す

(5) 現場の不具合問題タイプの対策立案例
1）問題の定義とテーマの決定

ある会社の製造部に，後工程の検査担当から「最近，取付金具の不良品がたびたび見つかっている．今のうちに原因を突き止めて防止策を考えた

方がよい」という意見が寄せられた．

そこで，製造部は，取付金具の不良発生件数を調べてみることにした．その結果，検査箇所で見つかった取付金具の不良件数を月別にグラフに書いてみると，取付金具の不良が増えていることがわかり，「取付金具の不良件数の低減」をテーマに問題の原因を究明することになった．目標は，取付金具の不良件数を，3月末までに50％削減すると設定した（図2.11参照）．

テーマタイプの選定は，「A．現場の不具合問題タイプの対策立案」とした．

2）現場の不具合問題タイプの対策立案

不具合が発生している原因を探るため，「解析力」を活用することにした（図2.12参照）．

不良が発生している取付金具について，不良の種類別にデータを集めた．その結果をパレート図に表したところ，引張強度に関する不良が全体の60％を占めていることがわかった．

次に，引張強度の状態を調べた．不良件数は計数値データであり，不良発生の状況を知ることができるが，不良の程度は不明である．そこで，引張強度を表す計量値データである「引張強度」を測定した．

50個の引張強度のデータを収集し，ヒストグラムを書いた．その結果，

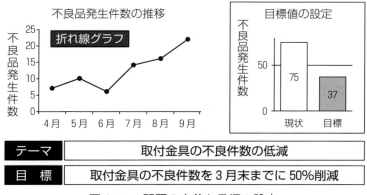

図2.11　問題の定義と目標の設定

2.5 テーマタイプ別の解決に役立つ基本力を駆使した対策立案【ステップ４】

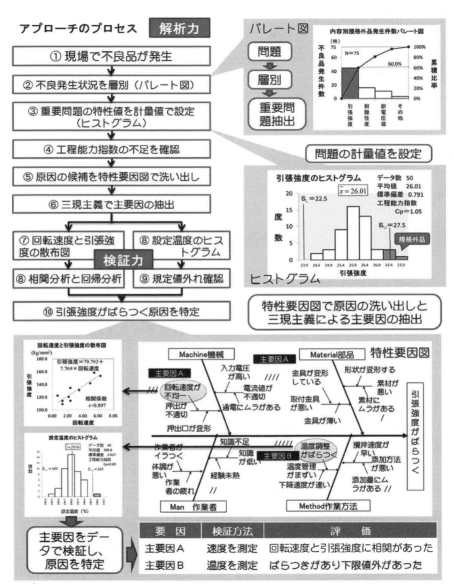

図 2.12 「解析力」と「検証力」を活用した原因の特定

平均値 26.01,標準偏差 0.791 であり,ばらつきが大きく,上限規格値を超える規格外品が発生していることがわかった.工程能力指数を計算してみると,C_p = 1.05 と不足気味であった.

次のプロセスで,「引張強度がばらつく」原因を解明することにし,まず関係者を集めて,考えられる要因を話し合った.その結果を特性要因図にまとめた.特性は「引張強度がばらつく」と設定し,大骨を4M(人,機械,材料,方法)としてなぜなぜ分析で進めていった.

完成した特性要因図を現場に持って行き,実際の製造工程を観察して,新たに判明した要因を追加していった.徹底した三現主義の結果,原因を思われる主要因として「回転速度」と「温度調整」の2つを選び出すことができた.

そこで,この2つの主要因の検証をデータを用いて行った.まず,「回転速度」については,「回転速度と引張強度」の10組のデータを散布図に表し,相関係数を計算すると,r = 0.897 と相関があることがわかった.この結果,正常な引張強度を導く回転速度を回帰直線から求めた.

次に,「温度調整」のばらつき度合いを45個のデータを収集して,ヒストグラムに表し,工程能力指数を計算したところ,C_p = 0.89 で不足していることがわかった.主要因の検証にあたっては,工程能力指数 C_p や相関分析,回帰分析などの統計解析を行い,「検証力」も活用している.

以上の結果,引張強度がばらつく原因は,「回転速度が不均一」と「温度調整がばらつく」の2つであることを解明することができた.

以上の「解析力」を活用したプロセスを図2.12の左上に示す.

「解析力」で特定された原因に対し,「構想力」を活用し,対策の立案を行った.ここでは,「構想力」を用いて,系統図とマトリックス図を組み合わせた"対策系統図"を活用している.

具体的には,「解析力」の結果から,「引張強度を確保する」という目的を設定し,系統図の一次手段に,原因の解消となる3つの手段を設定した.一次手段ごとに各2つの具体的対策を検討し,「効果」,「実現性」,「コスト」で評価を行い,3つの最適策「在庫チェック表の作成」,「速度調整手順

2.5 テーマタイプ別の解決に役立つ基本力を駆使した対策立案【ステップ4】

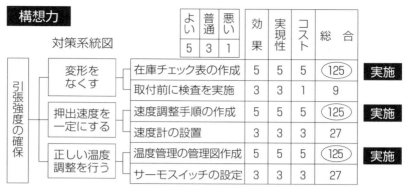

図 2.13 「構想力」を活用した対策の立案

書の作成」,「温度管理の管理図作成」を立案した（**図 2.13** 参照）.

この例では，現場で発生している問題を「解析力」を用いて進めている．そのとき，パレート図，ヒストグラム，特性要因図，散布図など QC 七つ道具を活用している．主要因の検証は，「検証力」を用いて，相関分析，回帰分析，工程能力指数など統計的手法を活用している．

さらに，特定された原因に対し，「構想力」を用いて最適策の立案を行っている．ここでは，系統図やマトリックス図といった新 QC 七つ道具を活用している．

(6) 慢性不良問題タイプの対策立案例

1）問題の定義とテーマの決定

慢性的に発生している品質特性の問題がある場合，問題の実態を把握し，どの品質特性が問題なのかを定義する．慢性不良問題は，不良件数などの計数値データが多いため，問題となる計量値データの品質特性値を設定して取り組む．

対象となった計量値データを収集し，ヒストグラムを作成し，工程能力指数を計算し，問題の程度を把握する．

図 2.14 は，ある電機材料の不良が増えてきているという検査部門からの報告を受けて，不良件数のデータを層別した．電機材料の不良件数をパ

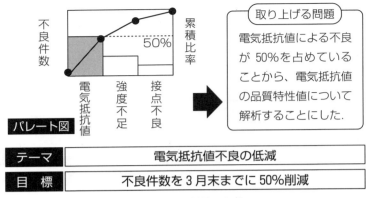

図 2.14　問題の定義

レート図に書いたところ，電気抵抗値の不良が多いことがわかった．そこで，適切な電気抵抗値を確保する方法をつかむため，関係者は取り組むことにした．

2) 慢性不良問題タイプの対策立案

【解析力】品質特性値の現状を把握する

図 2.15 に示すように，取り上げた電気抵抗値について，1 カ月間の測定データを集めた．電気抵抗値のヒストグラムを書き，平均値（2.49 Ω）と標準偏差（0.354）を求めた．工程能力指数 C_p を計算すると，$C_p = 0.916$ であり，工程能力が不足していることがわかった．

【検証力】実験計画法による最適水準の立案

問題として取り上げた電気抵抗値の最適水準を求めることから，$L_8(2^7)$ 直交配列表実験を行った．

特性値に影響すると考えられる要因を特性要因図で整理し，特に影響が強いと考えられる要因を因子の候補とした．図 2.15 では，原材料から「含有炭素」，製造工程から「焼成時間」と「焼成温度」をあげ，電気抵抗値に影響する因子の候補とした．

候補の因子が取り上げるべき因子であるかどうか，特性値と要因のデータから相関分析を行い，因子として設定する．さらに，回帰分析を行うと

2.5 テーマタイプ別の解決に役立つ基本力を駆使した対策立案【ステップ4】

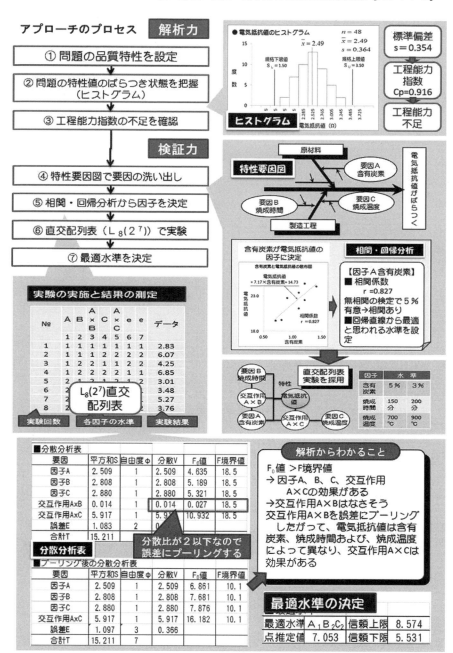

図2.15 「解析力」と「検証力」を活用した最適水準の決定

適正な水準の予測ができる．

　図2.15では，含有炭素（要因A）と電気抵抗値との関係の度合いについて知るため，含有炭素と電気抵抗値の対のデータをとり，散布図を作成し，無相関の検定を行い，含有炭素と電気抵抗値には相関があることを確認している．さらに，回帰分析を行い，含有炭素の最適水準の候補を設定した．

　決定した3つの因子に技術的見地から2つの交互作用が考えられることから，3因子2水準の直交配列表実験を行うことにした．

　直交配列表の水準の条件に従って実験を行い，特性値のデータを収集した．実験データから，分散分析表を作成し，主効果，交互作用の効果を判定し，必要に応じてプーリングを行う．図2.15の結果から，含有炭素，焼成時間，焼成温度とも効果があることがわかった．交互作用は，A×Bの効果がないと考えられたのでプーリングを行い，プーリング後の分散分析表から，主効果A，B，Cと交互作用A×Cの効果があることがわかった．

　最適水準は$A_1 B_2 C_2$であり，含有単層5％，焼成時間200分，焼成温度900℃のとき，電気抵抗値が最適になることがわかった．このときの電気抵抗値の母平均は，5.531〜8.574にあることが推測できた．

　以上の「検証力」を活用したプロセスを図2.15の左上に示す．

(6) 未然防止・課題タイプの対策立案例
1) 問題の定義とテーマの決定

　トラブルやエラーが発生すれば重大事故につながる事象については，潜在的要因を見つけ出し，未然防止を図ることが求められる．製品や仕事の品質は，それを作り出す工程の品質に左右される．そこで，潜在化しているリスクを顕在化するには，工程を明らかにして，単位作業ごとに不具合モードを考えていく必要がある．

　図2.16では，設備がトラブルを起こせば，最悪の事態は工場内にとどまらず，周辺地域に火災などの影響が拡大するため，定期的に点検作業を行っていた．この点検の結果から次期の保全計画を立案していたが，点検

2.5 テーマタイプ別の解決に役立つ基本力を駆使した対策立案【ステップ4】

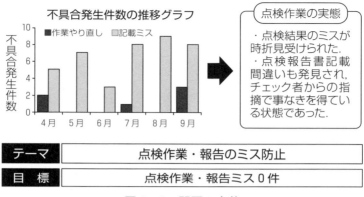

図 2.16　問題の定義

結果のミスが時折見受けられた．点検作業の実態を調査したところ，点検作業ミスが数件発生していることがわかった．また，点検報告書の記載間違いも発見され，チェック担当者からの指摘で事なきを得ている状態であった．

以上のことから，今回のテーマ「点検作業・報告のミス防止」に取り組むことにした．目標は，「点検作業・報告ミス0件」である．

2) 未然防止・課題タイプの対策立案
【予知力】リスク分析

問題の潜在的要因を明らかにするため，ここでは，工程FMEAでリスクを洗い出し，リスクマトリックスでリスク評価を行っている．このプロセスが「予知力」である．

まず，対象となる工程のプロセスを作業レベルまで書き出し，作業項目ごとに，不具合モードを洗い出していく．洗い出された不具合モードごとに推定される原因を検討し，起こりうる事象とシステムへの影響を想定する．そして，発生頻度と影響度を評価する．以上が"工程FMEA"である．

発生頻度を列に，影響度を行に設定したマトリックス図に各不具合モードを記入していったものが"リスクマトリックス"である．このリスクマトリックスから，不具合モードをランク付けし，ランクⅣ，Ⅴのリスクを

取り上げている．

【構想力】リスク低減対策の検討

リスクマトリックスで取り上げた重大なリスクについて，不具合事象が起きれば最悪事態に進展することが予想されるのか，また，現有システムで最悪事態の回避が可能になっているのかどうかを"PDPC"を使って検討している．

PDPCで検討した結果，最悪事態を回避できないことが予想された不具合モードに対して，エラープルーフ化の考え方で"発生防止対策"と"影響緩和対策"を立案するに至っている．

エラープルーフ化（中條武志氏が提唱）とは，人的エラーに起因する問題を防ぐ目的で，人を作業方法に合うようにするのではなく，作業方法を人に合うように改善することである．

図2.17では，「測定値などを間違えて記載する」，「測定器の動作確認を忘れる」，「点検器材の配線を間違える」の3つのエラーに対し，発生防止，異常検出，影響緩和の対策を立案している．

以上の「予知力」と「構想力」を活用したプロセスを図2.17の左中に示している．

(7) 効率化問題タイプの対策立案例
1）問題の定義とテーマの決定

効率化問題タイプのテーマについては，事前に問題の本質は何にあるか，テーマ決定の前によく考える必要がある．この内容について下記の例を通して解説する．

例）T工場では，1ラインの設備を使って数種の製品を作っている．1カ月の平均稼働時間は200時間で，定期保全や修理に平均16時間，作業段取りや準備・後始末に平均24時間と，合わせて平均40時間の停止時間がある．したがって，正味の稼働時間は160時間となる．月間生産量は1

2.5 テーマタイプ別の解決に役立つ基本力を駆使した対策立案【ステップ4】

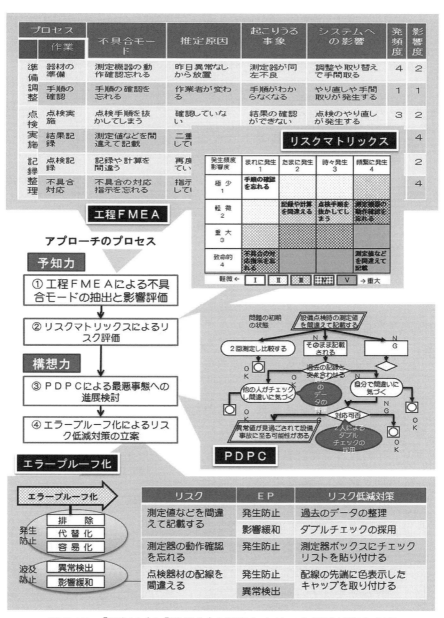

図2.17 「予知力」と「構想力」を活用したリスク低減対策の立案

万個(このうち不良率は約10%)で，1個あたりの平均材料費は1,000円，平均変動加工費は200円で，平均人件費は250円，平均固定経費は350円とする．そして，販売価格が2,000円としたときに，次の5つの各テーマ取組内容により解決成果が異なるので，それについて評価する．

≪テーマの各取組み内容≫

① 問題タイプとして不良率低減を実施した．その結果，不良率が5割減少，すなわち10%から5%になった．

② 準備工程の効率化テーマとして取り組んだ．その結果，保全や段取りの停止時間を10%減少させた．

③ 歩留り率向上を効率化テーマとして取り組んだ．その結果，材料費を5%削減できた．

④ 課題タイプとして取り組んだ．その結果，品質が改善でき，販売価格が5%アップできた．

⑤ 生産性向上を効率化テーマとして取り組んだ．その結果，工程の改善で生産速度を5%向上できた．

※いずれの場合も改善前と改善後の経費は同じであるとする．

これらのテーマ解決の成果は，作ったらすぐ売れる手詰まりの状態にある場合と，せいぜい9,000個しか売れない手余りの状態にある場合とでは，成果としての収益金額は異なってくる．これらの取組み内容別に，改善効果の経済性を表2.5により比較評価した．

表2.5からわかるように，作れば売れるという前提では，効率化としての歩留まり向上や材料費の削減などは，テーマ解決の成果がそのまま現れる．しかし，売れ残る手余りの状態では，工程改善により生産性を向上しても，また，段取り時間などを短縮して生産能力を上げても，在庫量だけが増え，収益効果はまったく現れてこない．一方，売れるようにするための品質改善を行い販売量の拡大や価格アップにつなげられた場合は，かなりの収益効果が期待できる．やはり，品質管理でいう「品質第一」は，もっ

2.5 テーマタイプ別の解決に役立つ基本力を駆使した対策立案【ステップ4】

表2.5 手詰まりと手余りの状態による経済性比較

1万個は売れる手詰まりの状態	9000個しか売れない手余りの状態
① 不良率が5割改善されて，良品数が1,000個×0.5＝500個増加し，その分だけ多く売れ，そのまま収益となるので， 2,000円×500個＝100万円の収益増となる．	① 良品数が増えても販売量増加に結びつかない．9,000個÷0.95＝9,474個より，10,000－9,474＝526個の生産を減らせる． その分の材料費と変動加工費は減らせるので，その経済性評価は 526個×(1,000＋200)円＝63万1,200円の収益増となる．
② 正味生産時間40×0.1＝4時間増加．1万個×(4/160)＝250個の生産増となるので，250×0.9×(2,000－1,000－200)＝18万円の収益増となる．	② 生産能力を増加してたくさん作っても売れないために在庫となり，収益につながらない． 　　　　　　　　　　　　　　0円．
③ 平均材料費5％削減　1万個×1,000円×0.05＝50万円の収益増となる．	③平均材料費5％削減は，経費の1万個×1000円×0.05＝50万円の収益増となる．
④ 品質改善による5％価格アップは，そのまま収益につながる．9,000個×＠2,000円×0.05＝90万円の収益増となる．	④ 9,000個まで売れるのなら，そのまま収益につながる． 9,000個×＠2,000円×0.05＝90万円の収益増となる．
⑤ 生産速度5％向上　1万個×0.05×0.9＝450個良品増450個×(2,000－1,000－200)円＝36万円の収益増となる．	⑤ ②と同じ理由で，多く作れても売れないので収益につながらない． 　　　　　　　　　　　　　　0円．

とも大切なキーワードであるといえる．

　このように，効率化テーマを取り上げる前には，必ず取り上げる対象製品の売上を確認することが大切である．せっかくテーマ解決を果たせても，何の成果も出ないことがあるので，注意が必要である．

2）効率化問題タイプの対策立案

　売れ筋製品の工程の効率化やネック工程の解消などでテーマが選定されると，一般的には，新QC七つ道具の一つであるアローダイアグラム法（PERT）や工程分析図などを用いて，ネック工程や改善すべき対象の工程を明確にする．対象が工程に関するものでない場合，その対象については別に特別な調査を企画して改善すべき要因を割り出す．

　改善策の抽出のためには，予知力を高めるFTAやFMEAを活用して，効率に結びつくと考えられる要因に対して具体的な改善策を検討する．ま

た，新 QC 七つ道具に含まれている系統図法などを応用して，効率化の対象としたシステム機能を，より細部の機能へと分解して展開し，重複のある細部の機能を見出して，それを合体させることを検討したりする．取り上げた要因についての効率化の成果は，推理力を高める OR 手法による最適化のシミュレーションや重回帰分析などによって推理して最適策の選定などに役立てる．効率化問題タイプの対策立案は，とくに固有技術に裏付けられた発想の視点が欠かせず，異なる論理と創造の世界を行ったり来たりして策を思いめぐらせる必要があり，定型的な理詰めでのテーマ解決への道のりはないといえる．とにかく一生懸命検討した結果として現れるセレンディピティのような対策が大変効を奏する場合がある．効率化問題タイプのテーマについては，あまりセオリーにこだわらずに，さまざまな観点から，またさまざまな手法と活用により対処していくのがよいといえる．

(8) 教育・活性化活動タイプの対策立案例
1) 問題の定義とテーマの決定

ある企業で新 QC 七つ道具(N7)の研修を行っていたが，受講者に満足してもらえるものになっていなかった．

若手社員に行っている"N7 知識レベルアップ研修"において，目標値である受講者理解度 4.0 を達成している実施回と未達成の実施回があった．そこで，理解度が目標値に達成していないことを問題として取り上げた．

この問題の実態を調べることから，過去 12 回の N7 知識レベルアップ研修における受講者アンケートの理解度を折れ線グラフに表した．その結果，12 回中 6 回(50%)SC 値が 4.0 以下であった．

そこで，研修業務プロセス上の問題を関係者で議論したところ，実施計画作成時に「派遣者ニーズを満たしていない」，カリキュラムや教材などの作成時に「進め方や教材が理解の助けになっていない」，研修実施時に「受講者評価の分析が十分でない」の 3 つの具体的な問題が明らかになった(図 2.18 参照)．

2.5 テーマタイプ別の解決に役立つ基本力を駆使した対策立案【ステップ4】

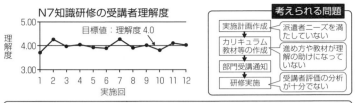

図2.18 問題の定義

2）教育・活性化活動タイプの対策立案

【構想力】問題と要因の仮説の設定

まず，研修満足度に関連する要因の洗い出しを行い「連関図」を作成した．この連関図から，「研修満足度」を結果質問に設定し，各要因を要因系質問に設定し，SD法でアンケート用紙を作成した．このアンケート用紙を研修修了時に受講者に記入してもらった．

【推理力】重要要因の抽出

アンケートの結果は，要因ごとにSD値（評価の平均値）を計算し，「研修満足度」を目的変数，要因系質問を説明変数として重回帰分析を行い，標準偏回帰係数を求めた．このSD値と標準偏回帰係数の散布図を作成し，4つのゾーンに分け（ポートフォリオ分析という），「研修満足度」に影響が強く，SD値の低い「重点改善項目」を抽出している．

【構想力】目的を達成する対策を立案

この重点改善項目ごとに「現状レベル」「要望レベル」を調査し，「ギャップ」を議論して，2つの課題「職場に合った研修内容」「理解しやすい進め方」を抽出している．

2つの課題から,「研修満足度の向上」を目的に系統図で方策を検討した.一次方策は,「職場に見合った研修内容をする」,「理解しやすい進め方にする」とし,手段の展開を行い,「ホームメイドテキストの作成」,「社内事例集の作成」,「PDPCによる講義の進め方の作成」などの具体的な方策を立案している.

　その後,系統図の具体的方策の中から,受講者の理解度を高めるに効果がありそうな改善策を3つ,「社内テキストの作成」,「活用事例集の作成」「講義の進め方　PDPCの作成」を選定した.

　以上の「構想力」と「推理力」を活用したプロセスを図2.19の左上に示している.

2.6　対策の実施【ステップ5】

(1) やってみた結果から原因の探索

　上司やスタッフを加え,制約条件,予測される問題などを確認して,具体的な組織としての対策実施の計画を立てる.すべてが終えるのを待って効果を確認するのではなく,目標達成への寄与が大きいと考えた対策からすぐに実施して,その結果を吟味する.ほとんどの場合は,その対策だけでは目標を達成することはできない.しかし,テーマ解決に向けては一歩進んだわけだから,現状が少し変わる.その現状の変化をしっかりと捉えて,目標へのギャップを再確認して,また,次の対策実施計画を立てる.その際にも,衆知を結集し,従来の慣習にとらわれない発想を大切にして,自由奔放な対策を新たに出すことに努める.全社的改善提案があれば,それを参考にするのもよいし,もう一度発想力を活用して,対策案を出すのもよい.再度,現場の人の考え,他職場の知恵などの情報を活かし,他業種,他社,他職場などの考え方なども収集して対策立案し,実施の計画に活かす.

　ワイク教授の組織化の地図では,一歩進めた結果の吟味を大切にしている.

2.6 対策の実施【ステップ5】

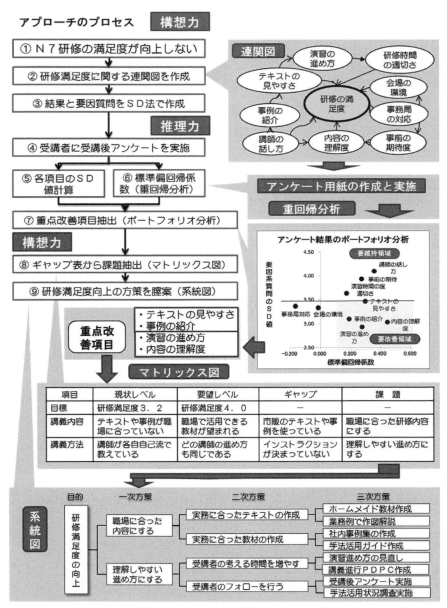

図2.19 「推理力」と「構想力」を活用して研修満足度の方策を立案

また，思考型式には，「拡散型思考」と「収束型思考」がある．拡散型思考は「アイデア出し」，つまり発想であり，収束型思考は「評価」である．つまり，アイデア出しとその発想の評価を同時にしてはいけない．ところが，人間はなまじ器用なために，あるいは，はやく結論を導きたいために，ややもするとこの2つを同時にやろうとして失敗する．

　発想した時点ではつまらないと感じても，後で別の発想と組み合わせることによって，思いもかけないアイデアに発展することもある．

(2) 仮説と検証でよい対策に仕上げる

　問題を解決するために最適な対策を考えるには，「対象となる固有技術」「ぜひ成し遂げるといった強い思い込み」，そして「ひらめきにつながるヒント」が必要であり，そこから仮説を立てる．

　次に，仮説を試行し，データをとって成果と問題点を検討する．このとき，最初に設定した目標が達成できたかどうかはもちろんのこと，品質（Q）・コスト（C）・納期（D）がバランスよく保たれているかどうかを検証することも大切である．その結果，よい成果が認められればこの仮説を本説にする．もし問題点があれば，仮説を修正して，再度検証を行う．

(3) 対策の実施の進め方

　対策を実施する際に，次に示す3つの観点から実施する．
　① 5W1Hがわかるように，具体的な実行計画を立てて実施する
　② まず第一歩の対策とその結果との対応がつかめるように検討する
　③ 思うような成果が得られない場合は，そのギャップを再度検討して，PDCAを何度も回す

　効果度，難易度，経済性などの総合評価から最適策を決めるのもよいが，とにかく効果が大きいと考えた対策を実施することを優先する．その対策の実施後に，対策前後の結果を比較し，目標未達の部分について，新たな対策も加えて再度計画を練る．

　図2.20に示すように，実行する対策を選定するとき，単純に掛け算の

2.6 対策の実施【ステップ5】

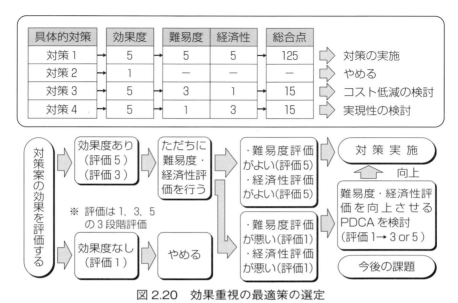

図 2.20 効果重視の最適策の選定

総合点で判断しないことが重要である．効果重視の考え方を実行対策選定評価に取り入れる．

具体的には，対策案をまず「効果度」で評価する．ここで，効果度が「5」の対策を取り上げる．効果度が「1」の対策は，この時点で除外する．効果度が「3」の対策は，ひとまず選定候補に入れておく．

次に，候補に取り上げた効果度「5」と「3」の対策について，「難易度」と「経済性」の評価を行う．ここで，難易度「5」，経済性「5」の対策は実行する．効果度が「5」でありながら，経済性や難易度評価が低いために採用できなかった対策は，総合点が低いからといって捨て去るのではなく，むしろ「宝の山」であると考え，コストダウンや実現性を高めるための検討を行って，評価点が上がれば実行する．もし，検討後もよくならなければ，今後の課題として記録しておく．

(4) 対策の実施の活用の仕方

対策案が出尽くしたところで，全員で，それらを整理して，5W1Hにて

計画的に実施する．そして，実施した対策とその結果とは，どのように対応するかを考えて評価する．評価から，計画と実績との差異の原因を考えて，未達の場合は，次の対策を練り直す．対策立案には，従来の慣習にとらわれない自由な発想で対策を出すことが必要である．現場の人の考えを取り入れて，他職場の知恵，他社の技術の考え方などの情報も参考にする．

うまく対策実施が進められない場合は，それは固有技術の不足にあるのか，上司などを含めた上層部のマネジメントに不備があるのか，テーマ推進している者の熱意が不足しているのかなどを検討する．対策実施の際の壁については，組織風土にまで広げて，多面的で現実的な問題を明らかにして，皆で解決を目指す．

図 2.21 は，機器システムのメンテナンス技術力を高めることを目的に，最初に行った「机上研修の不備」を実技訓練で補い，さらに，理解できない

ねらい	空調機器のメンテナンス技術力の向上	問題点	作業員9名の自己評価 ○：一人でできる→＋1点 △：アドバイスがあればできる→0点 ×：できない→−1点	（現状） SD 値 ＝ 0.36 点 （目標）　0.90 点
	P（計画）	D（実行）	C（評価）	A（処置）	目標の達成度
◆机上研修	・点検修理マニュアルを使って勉強会実施 ・9名全員受講	・6名ができるようになった ・3名が室外機と配管ができない	・実機を使っての実技訓練が必要である	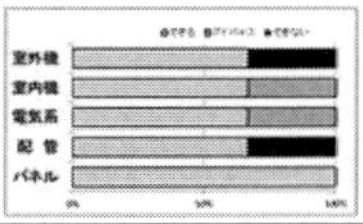
◆実技訓練	・作業所で実機を使っての実技訓練を実施 ・できなかった3名受講	・配管を除いて高い技術力を有するようになった ・配管では3名ともまだできない	・実際の故障修理を体験させる必要がある ・お客様設備での体験研修を行う	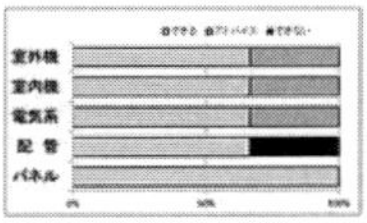
◆体験研修	・実活動の故障修理に同行して体験研修を実施 ・配管ができない3名受講	・全員が故障修理をできるようになった ・技術力も向上した	・以後，新人に対する研修プログラムとして標準化を検討する	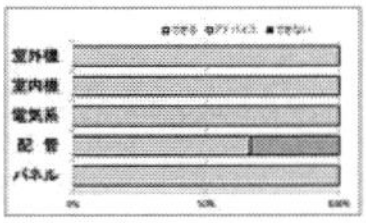
評　価	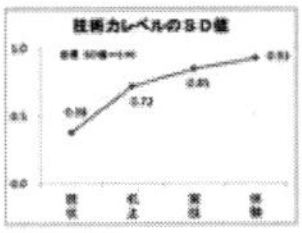 技術力レベルのSD値	・全員が空調機器故障に対応できるようになった ・技術レベルの SD 値は，0.93 になり目標値を達成した 〈今後の進め方〉 ・新人対応の研修プログラムを標準化する		

図 2.21　対策の PDCA を回した例

人たちには「体験研修」を行って，全員の技術力を目標値に達成することができた過程を示すものである．

(5) 対策の実施の３つの留意点

対策を実施する際の留意点は，次のとおりである．

① ワイク教授の「組織化の戦略地図」で述べたように，とにもかくにも迅速に対策を実施して，得られた結果から，その結果の現状をよく観察・考察し，次の対策立案に活かす

② 対策立案とその実施は，広い視野から検討し，実施すべき対策を，効果度，経済性，技術的実現性や安全性や持続性などの副次的効果から検討して，その実施の優先順位を決める．なにがなんでも原因はすべて潰すという姿勢よりも，効果が期待でき，実施できること，今後もこれを守っていける対策から実施する

③ 計画どおりに実施できない場合は，その壁についてみんなで話し合い，協力してその問題を取り除くことに努める

ステップ５を進める状況のイメージは図 2.22 のようになる．

2.7　効果の確認【ステップ６】

(1) 手ごたえのある要因検討

目標設定のステップで作った指標において，現状と対策後の結果を比較する．成果が出るのにタイムラグがあることも考えられので，時間的なずれも考慮する．また，他への悪影響が出るかもしれないので，その場合は解決のステップを適切な前のステップに戻し，再度対策の練り直しとなる．あきらめずに粘り強くテーマ解決に取り組む．効果に手ごたえがない場合は，再度上司や他のスタッフを加え，組織的に具体的な進め方を再検討する．制約条件，予測される問題などを再確認する．

ステップ5：対策の実施（淘汰の過程）

① 上司やスタッフを加え、制約条件、予測される問題などを確認して、組織として対策実施の計画を立てる．

② すべてが終えるのを待って効果を確認するのではなく，効果への寄与の大きい対策を実施して，その結果を吟味する．現状の変化をとらえて，次の対策を計画する．ブレーンストーミングで検討して，衆知を集め，自由奔放な対策を考える．

③ 現場の人の考え，他職場の知恵，他社の技術の考え方などの情報も活かす．目標達成可能と思われる方策案を多く出す．

● 対策実施の順番を間違えないこと，PDCAを何度も回す．

図2.22　対策の実施の進捗状況イメージ

（2）効果の確認の進め方

効果を確認する際に，次に示す3つの観点から実施する．

① 現状レベルと比較して効果を実績値で把握する

② 目標が未達成の場合は，うまくいかなかったステップに戻り，再度実施して達成するまで粘り強く実施する

③ 目標達成の場合は，その直接効果以外の効果が何かないかを検討する．そして，対策に要した費用とともに，他への悪影響がないかをもう一度確認する

改善前と改善後を常に同じ指標の同じスケールで比較する．他への悪影響がわかった場合，適切な前のステップに戻って，対策の検討をし直す．

(3) 効果の確認の活用の仕方

対策前の状態と対策実施後の結果を，管理特性の絶対量の実績値で比較する．換算したことにより真の対策実施の効果が見えなくなることがあるため，比率や単価などを掛けあわせた金額などで安易に比較するのは控える．万一，対応策により，ねらった効果以外の副次的効果や副作用が出た場合は，その内容も明確にする．特に副作用の検討は重要で，改善したつもりがかえって改悪にならないか検討する．副作用のある場合には，解決のステップを戻し，再度異なる対策を考えて，粘り強くテーマ解決を推進する意欲が必要である．特に上司や他のスタッフに相談し，組織的に具体的な進め方を再検討して，明らかになった制約条件や新たに生じた副作用の解決を進める．効果の確認では，何事も比較するということを念頭に置く．

図 2.23 に効果の確認の方法を示す．"アウトプット評価"とは，現状の問題が対策前後でどの程度減ったのかどうかを対策前後のパレート図を横

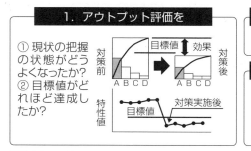

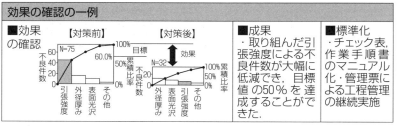

図 2.23　効果の確認方法

に並べて改善の効果を図示し，目標値の達成度を確認することである．"副作用のチェック"とは，テーマが効率化やコスト低減の場合，品質面，安全面，信頼性の面でチェックを行い，問題点があるようなら対策の再検討を行うことである．"アウトカム評価"とは，活動が業績にどう寄与しているか，また経済的効果などの予測を行うことである．

業績にどの程度寄与しているのかを測定するには，相関係数と回帰直線を求めてみるのも1つの方法である．ここで，業務処理能力を上げることを目的に，関係者を対象に新たな業務処理スキルの教育を行った．教育受講数カ月後，担当者ごとに，納期内処理件数を調査した．また，受講時の理解度テストの結果も突き合わせた．

この結果から，理解度テスト結果と納期内処理率との間に関係があるのかどうかを散布図を作成した．散布図から，理解度テスト結果と納期内処理率には正の相関がありそうであることがわかる．さらに，相関係数を計算すると0.7755であり，相関があることがわかった．

次に，目的を納期内処理率とし，理解度テスト結果を説明変数として回

結果の予測値を見える化する回帰分析

理解度テスト結果と納期内処理率の回帰直線

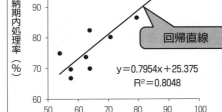

y=0.7954x+25.375
R²=0.8048

相関係数の計算

$$r = \frac{S_{xy}}{\sqrt{S_{xx} \times S_{yy}}} = \sqrt{R^2}$$

$$= \sqrt{0.8048} = 0.897$$

相関係数の計算

$$\hat{y}_i = \hat{\beta}_0 + \hat{\beta}_1 x_i$$

$$= 25.375 + 0.7954 x_i$$

図2.24 業績評価の一例

2.7 効果の確認【ステップ6】

帰分析を行った．回帰分析から回帰直線が求まり，この回帰直線からどれほど理解度テスト結果を高めれば，納期内処理率が上がるのかを予測することができる（図 2.24 参照）．

(4) 効果の確認の3つの留意点

効果を確認する際の留意点は，次のとおりである．

① 対策と実績結果との対応がわかるように図やグラフを活用する．必ず改善前と改善後を同じ尺度で比較する．平均値だけでなくばらつきを考慮した効果の確認を忘れないようにする

② 目標とした直接効果以外の効果も把握する．対策実施に要した費用とともに，他への悪影響がないか，対策実施前と実施後で比較する

③ 効果の大きさは関係部署に広く情報提供する

効果の確認を進める状況のイメージは，図 2.25 のようになる．

ステップ6：効果の確認（保持の始まり）

① 目標設定のステップで決めた指標で，現状と対策後の効果を比較する．

② 成果のタイムラグも考慮する．

③ 他への悪影響を考える．その場合は，解決のステップを戻し，再度対策の練り直す．上司や他のスタッフを加え，組織的に具体的な進め方を再検討し，制約条件，予測

される問題などを再確認して，粘り強くテーマ解決を推進する．

図 2.25　効果の確認の進捗状況イメージ

2.8 歯止め—標準化の仕組み—【ステップ7】

(1) 標準化の仕組み

効果が逆戻りになるのを標準化で防ぐ．組織としての標準化（改善点のポイントが明確で，実行する人に無理なく，日常業務に根付かせる）を確実に図る．これらの改善策を周知させるために，公的な規定・マニュアルなどを制定・改定する．

標準(Standard)とは，「関係する人々の間で利益又は利便が公正に得られるように統一・単純化を図る目的で，物体・性能・能力・配置・状態・動作・手順・方法・手続などについて定めた取り決め」である．

標準化(Standardization)とは，「実存の問題，または起こる可能性のある問題に関して，与えられた情報において最適な程度の秩序を得ることを目的として，共通に，かつ繰り返して使用するための約束ごとを確立する活動」である．

(2) 標準化の進め方

標準化を行う際は，次に示す3つの観点から実施する．
　① 新しい対策を新しい標準として切り替える時期を確認する
　② 確実に新しい対策が実施できるように，仕事の勘どころを押さえ，組織的に教育・訓練をする
　③ 関係者に実施理由と，新法を説明し，協力を要請する

標準化の実施状況をチェックする仕組みを作る．そして，異常が発生したきの連絡・処置法を決めて，その場合の記録報告書の仕方なども決めておく．さらに日常業務に根付かせ，効果が持続していることをデータで確認する．

(3) 標準化の活用の仕方

問題の深層をとらえた対策が標準化されているかを確認する．必要な業務の定義，業務の知識ベースの定義などを交えた手順・マニュアルとなっ

ており，教育・訓練方法も検討されて，実施されているかを見る．

標準化の実施状況をチェックし，新法においても，異常が発生したときの処置が決められているかを確認する．異常が発生した場合の記録報告書や仕組みも決める．

(4) 標準化の3つの留意点

標準化を行う際の留意点は，次のとおりである．
① 目的が明示されているか確認し，切替え時期も明確する
② 仕事の勘どころを押さえ，関係者に実施理由と新法を説明し，協力を要請するとともに，組織的に教育・訓練する
③ 親切な標準書として日常業務に根付かせ，効果が持続していることを，データで確認する

標準化の進捗の状況を示すイメージは，図 2.26 のようになる．

2.9 残された課題と今後の計画【ステップ8】

(1) 次のテーマ解決力の向上を目指す

テーマ解決は，一つひとつの行動の積み重ねであり，経験と学習の積み重ねで形成される．テーマ解決が終えたから完了ではなく，また次の課題を捉えて，新たなテーマ解決活動を展開する．そのためには，今回得たテーマ解決能力をさらに育むようにする．今回の各ステップの進め方，活動運営の仕方について見直し，よかった点と悪かった点を明確にして次に活かすようにする．

(2) 残された課題と今後の計画の進め方

残された課題と今後の計画を進める際に，次に示す3つの観点から実施する．
① テーマ解決のより効果ある PDCA を回すために，見直した内容を次回の組織的活動に活かすようにする

ステップ7：歯止め・標準化の仕組み（保持の過程）

① 対策が逆戻りになるのを標準化で防ぐ．
② 組織としての標準化は，改善点のポイントが明確で，実行する人に無理なく，日常業務に根付かせるように図る．
③ 組織として周知させるために，公的な規定・マニュアルなどを制定・改定する．

● 標準化の実施状況をチェックする仕組みを作る．異常が発生したときの処置を決めて，その場合の記録報告書の仕方を決める．日常業務に根付き，効果が持続していることをデータで確認する．

図 2.26　標準化の進捗状況イメージ

② いったんテーマ解決を終えるが，やり残した課題・問題などがあれば，それを明らかにしておく
③ 得られた成果を他職場へ水平展開することも検討する

素晴らしいテーマ解決活動だったとしても，時間の経過とともにその成果は薄れ，常に次の新しいテーマが生まれる．テーマ解決には終わりがない．

(3) 残された課題と今後の計画の活用の仕方

テーマ解決は，一つひとつの行動の積み重ねであり，経験と学習の積み重ねで形成される．テーマ解決が終えたから完了ではなく，次のテーマを捉えて，また解決活動を展開する．そのためには，得たテーマ解決能力を

さらに育むようにする．テーマ解決の経験を積むことによってコツを覚え，安易なテーマの解決で納得してしまわない考え方と行動を身につける．そのためには，各ステップの進め方，活動運営の仕方について見直し，よかった点と悪かった点を明確にし，次のテーマ解決に水平展開を行い，よかった点はそのまま維持し，悪かった点は改めて改善のPDCAを回す．そして，次のテーマを積極的に生み，成果を次々と積み重ねる．それとともに，得たテーマ解決能力をさらに育むことも推進する．素晴らしい改善活動だったとしても，時間の経過とともに成果は薄れ，常に次の新しい課題が生まれてくる．

（4）残された課題と今後の計画の３つの留意点

残された課題と今後の計画を進める際の留意点は，次のとおりである．

① より効果のあるPDCAを回すため，見直した内容を次回の組織

ステップ８：残された課題と今後の計画（保持の過程）

①今回の活動で，解決できなかった点，やり残した問題などを明らかにする．

②テーマ解決は，一つひとつの行動の積み重ねであり，経験と学習の積み重ねで形成される．テーマ解決を終えたから完了ではなく，また次の課題を捉えて，新たなテーマ解決活動を展開する．そのためには，今回得た課題達成能力をより育むようにする．各ステップの進め方，活動運営の仕方について，よかった点と悪かった点を見直しておく．

● 素晴らしい改善活動だったとしても，時間の経過とともに成果は薄れ，常に次の新しいテーマが生まれてくる．

図2.27　残された課題と今後の計画の推進状況イメージ

的活動に活かす
② 今回の活動で，解決できなかった点，やり残した問題などを明らかにする
③ 得られた成果の他職場への水平展開を検討し，実施する

残された課題と今後の計画を進める状況のイメージは，**図 2.27** のようになる．

引用・参考文献
[1] 今里健一郎・佐野智子：『図解で学ぶ品質管理』，日科技連出版社，2013.

第3章
5つの基本力を支援するQC手法

　本章では，各テーマ解決において必要な5つの基本力，すなわち，解析力，構想力，推理力，検証力，予知力を発揮するために役立つQC手法の概要を紹介する．なお，既存の手法では予知力や推理力を高めるための手法は少ないので，この予知力，推理力を高めるためのこれからの手法については，第5章で詳しく紹介する．

　紹介したいQC手法は約100種類あり，それらを表3.1と表3.2のマトリックス表にして一覧で示した．しかし，紙面の都合上，すべての概要は紹介できないので，ここではQC七つ道具と新QC七つ道具の概要のみ紹介する．その他の手法の解説は日科技連出版社のホームページからダウンロードできるので，ぜひ活用してほしい．

3.1　QC七つ道具

　図3.1には層別を含んではいないが，一般にいわれているQC七つ道具の概念図である．以下に層別も加えて順に概説する．

① 特性要因図

　問題となっている現象を"特性"として右端に示し，その特性に対して関係がありそうな要因を挙げて，その現象の特性と要因との関係を整理していくものである．基本要因としては"4M：Material(材料)，Machine(設備)，Method(製造方法)，Man(作業者)"をとりあげることが多く，その各Mに対してさらなる細かい要因を掘り下げていき，因果関係を魚の骨のように図式化して悪さ現象の原因を考えるのに用いる．

② パレート図

　不良品や損失金額等現象別や原因別などの項目別に層別してデータをとり，大きさの順に並べた棒グラフと，累積数を求めて累積曲線を記入した

表 3.1 各基本力を発揮するための手法一覧

手法名		構想力	解析力	推理力	予知力	検証力
QC 七つ道具	特性要因図		◎	○		
	パレート図		◎			○
	管理図		◎			○
	ヒストグラム		◎			○
	散布図		◎			○
	チェックシート		◎			○
	グラフ		◎	○		○
	（層別）		◎	○		
新 QC 七つ道具	親和図法	◎			○	
	連関図法		◎	○		○
	系統図法	◎	◎			
	アローダイアグラム法	○	◎			○
	PDPC 法	○		○	◎	
	マトリックス図法	◎	○	○		
	マトリックス・データ解析法	○	◎	○		
商品企画七つ道具		◎	○		○	
戦略立案七つ道具		◎	○		○	
Five Force Model 法		○	◎		○	
プロダクトポートフォリオ分析（PPM 分析）			◎	○		○
デルファイ法			○	◎	○	
SWOT 分析			◎	○		○
デシジョン・ツリー（ロジック・ツリー）			◎	○	○	
ピラミッドストラクチャー法		◎	○	○		
ROA ツリー			◎	○		○
ABC 分析			◎	○		○
Effective Management 法		○	◎			
統計的手法（サンプリング・推定・検定）			◎	○		○
工程能力指数			◎	○		○
管理図			◎	○		○
抜取検査法			◎	○		○
サンプリング法			◎	○		○
実験計画法			◎	○		○
タグチメソッド		○	◎	○		○
MT システム		○	◎	○		○
重回帰分析			○	◎		○
判別分析			○	◎		○
正準判別分析			○	◎		○
コンジョイント分析			○	◎		○
主成分分析		○	◎	○		
バイプロット		○	◎	○		
数量化の方法		○	◎	○		
正準相関分析			○	◎		○
因子分析			○	◎		○
クラスター分析			◎	○		○
多次元尺度構成法			◎	○		○
主座標分析			◎	○		○
潜在構造分析法			○	◎		○
共分散構造分析			○	○		◎
ノンパラメトリック法			◎	○		○
感性評価法			◎	○		○
時系列解析法			○	◎		○

3.1 QC 七つ道具

表 3.2 各基本力を発揮するための手法一覧 続き

手法名	構想力	解析力	推理力	予知力	検証力
FMEA		○		◎	○
FTA		◎		○	○
フールプルーフ				◎	
故障物理・故障解析法		◎	○		○
ワイブル解析		◎	○		
QFD（品質機能展開）	◎		○	○	
QNP 法（Neck Engineering）	○		◎	○	
Teoriya Resheniya Izobretatelskikh Zadatch 法	◎		○	○	
上位概念への弁証法的アプローチ		○	○	◎	
Q 表	○	○		○	◎
QA 表		◎	○		○
QC 工程表		◎	○		○
QA 体系図		○	○		◎
IE	○	◎			○
VE	○	○	◎		
Brain Storming 法	◎		○		
キー・ニーズ法		◎	○		
焦点法	◎				
組合せ発想法	◎				
アナロジー発想法	◎				
シナリオ・プランニング法	◎		○		○
インセンティブ法	◎				
アニマル・シンキング法	◎				
KJ 法	◎				
NM 法	◎				
Work Design 法	◎				
Values And LifeStyle 法	◎		○		
関連樹木法		◎	○		
イメージ・プランニング	◎		○		
Value Design 法	◎		○		
Morphological Analysis（形態分析法）	◎		○		
問題点発見技法－特性・欠点・希望点列挙法－	○	◎			
オズボーンのチェックリスト法	○	◎			
パス解析		○	○		◎
線形計画法		◎	○		○
非線形計画法		◎	○		○
ゲーム理論		◎	○		○
PERT		◎	○		○
AHP		◎	○		○
DEA		◎	○		○
DEMATEL		◎	○		○
ISM		◎	○		○
Cognitive Map の手法		◎	○		○
KSIM 法		◎	○		○
ファジイ・ロジック		◎	○		○

第3章 5つの基本力を支援するQC手法

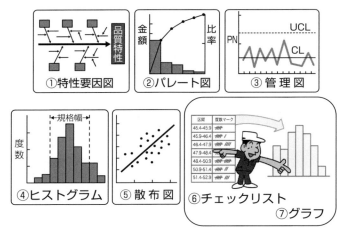

図 3.1　QC 七つ道具の概念図

図のことである．不良品の主たる現象内容は何かということや，ある悪さ現象の主たる原因は何かを重点化して検討する場合などに用いる．

③　**管理図**

　工程が安定な状態にあるかどうかを調べたり，工程を安定な状態に維持するために用いる図のことである．全体のばらつきから異常原因によるばらつきを見つけて，早く工程へフィードバックするために用いる．

④　**ヒストグラム**

　データが存在する範囲をいくつかの区間に分け，各区間に入るデータの出現度数を数えて度数表を作り，これを柱状グラフで表したものである．データがどのような特徴をもっているかを探るのに用いる．

⑤　**散布図**

　対応する 2 種類の特性値のデータを図上にプロットし，その散らばり具合から，要因間で相関関係があるのかないのかを見る．特に，ある結果と原因との対応データから，結果に対して原因がどの程度関係しているかを確かめるのに用いる．

⑥　**チェックシート**

　測定や観察などで得られた事実を，データで確認するために，簡単な記

号を記入するだけでデータをまとめ，結果をつかめるようにした図表のことである．業務遂行の確認や自分たちの行動を確認するのに用いる．

⑦ **グラフ**

得られた数値データを，目的に応じて比較しやすく図示化したものである．代表的なグラフについては，棒グラフは項目や現象別の比を見ることができる．円グラフも同じ見方ができるが，全体に占める割合を知るのに用いる．折れ線グラフは数値データを時系列変化で見るのに用いられ，時間変化と現象の増減を見る場合に使われる．帯グラフは全体を100％とした場合の，同一項目の比較ができる．レーダーチャートは，項目間のバランス・全体を見るのに用いられる．

なお，層別とは，集団を何らかの特徴でいくつかの部分の集団に分けることであり，分けられた集団を"層"という．例えば，いつとったデータなのかということなら，層としては，年，月，日，曜日，時間，昼，夜などであり，集団を原料とするのなら，メーカー別，産地，ロット別，貯蔵法別などである．層別による特性の違いや変化をとらえるのに用いる．

3.2　新QC七つ道具

新QC七つ道具は図式化により，主として言語データを用いて関係者全員の情報を共有しようとする手法である．**図3.2**に，その概念図を示した．以下順に概要を示す．

① **親和図法**

未来・将来の問題，未知，未経験の分野の問題など，もやもやとして，はっきりしない問題について事実，推定，意見を言語データとしてとらえ，それらの相互の親和性（なんとなく似ている）によって統合した図を作ることにより，解決すべき新しい問題の所在や形態を明らかにしていく方法である．もとはKJ法から生まれている．職場のあるべき姿の追求や新商品企画などに用いられる．

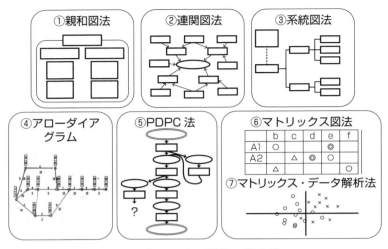

図 3.2　新 QC 七つ道具の概念図

② **連関図法**

問題がいろいろな現象や原因が絡み合って発生している場合に，それらの現象や原因を，お互いの因果関係や関連性を考えて，矢線で結び付けることによって，重要な潜在的原因をつかんでいくための図法のことである．特性要因図のように 4M などの基本要因で原因が整理できない混沌とした問題の場合に，その原因探索に用いられる．

③ **系統図法**

目的を達成するために必要な手段を系統的に策定し，策定された手段を，また目的に置き換えて，より具体的な方策にまで順次展開していく方法である．そして，冒頭の目的を達成するために効果的な手段を徹底追求していく図法である．目的達成のためにもれなく方策を抽出したい場合や，やるべき方策全体の関係を明らかにしたい場合などに用いられる．

④ **アローダイアグラム法**

PERT（Program or Project Evaluation and Review Technique）を図解化したものである．PERT は数学的に日程計画の解を出すオペレーションズ・リサーチの方法である．この手法を使えばプロジェクトを最短で完了させる日程を検討することができる．アローダイアグラムでは，各作業は

矢印で表し，矢印の両端に丸印をつけて作業の開始点と完了点にする．各作業を作成ルールに基づいて連結してゆけば，全体の作業順序が決まり，納期を確認するとともに，ボトルネック工程を見つけることができる．納期管理を万全にしたい場合などに用いる．

⑤ PDPC法

過程決定計画図（Process Decision Program Chart）と呼ばれ，事前に考えられるさまざまな事象（結果，状況，処置など）を予測し，プロセスの進行を進める手順を図式化し，問題が生じたときには，目標に向かって軌道を修正するための図法である．新規顧客の開拓など，挑戦的なゴールや目標が高い問題に，一歩でも解決の方向へ進みたい場合などに用いられる．

⑥ マトリックス図法

マトリックス図法とは，問題が現象・原因・対策などの多元的な側面で考えられるとき，考えられる元（要素）でマトリックス（行列）を作り，それを整理したマトリックス図から，新たな着眼点や発想を得るための図法である．新商品企画や販売戦略立案などの際に，新しい商品の切口や，新しい販売戦略の糸口を得るのに用いられる．

⑦ マトリックス・データ解析法

行と列で構成された多次元の数値データを変数同士の相関をもとに，わかりやすく少数次元に縮約し，それを平面上に表すものである．多変量解析諸法の主成分分析に相当する．多くの変数データが得られたある対象集団が，どのようなデータ構造をもっているかを探索するために用いられる．

第4章
「ピレネー・ストーリー」の事例

4.1 慢性不良の事例

　本事例は，筆者(野口)が以前勤務していた製造業で，慢性不良となっていた高級綿織物の染色加工で発生するシワ不良対策に取り組んだ事例をもとに作成したものである．当時，TQC本部に在籍していた筆者が，工場からの支援要請により，現場の人たちと一緒に取り組んだ改善事例である．今から振り返ると，このテーマの解決に至ったプロセスは，まさにピレネー・ストーリーの慢性不良問題タイプのテーマ解決の道のりそのものである．解決に用いた基本力は"解析力"と"検証力"である．

　本事例は，高級織物加工のシワ不良が慢性化しており根本的な対策が打てず，利益が圧迫される中，この慢性不良を解決できないと根本的な工場の技術力向上が見込めないとして，シワ不良低減の改善活動に取り組んだものである．

ステップ1：問題・課題の本質探索

　シワ不良低減の抜本的な対策を打てないのはなぜか，メンバーと討議した．高級織物加工の工程は長く，仕上がった加工結果とそのプロセス工程の要因データにはタイムラグがあり，対応するのが困難であった．また，工程が長いゆえに，シワ発生の要因と思われるものが多岐にわたって交絡しており，特性要因図などを用いても，"シワ不良"現象については要因が挙げにくく，因果関係が捉えにくかった．そして，安全上設備機械にはカバーが施されており，工程中の加工状況も観察できず，工程要因といってもデータがとれない状況にあった．

　まず，加工工程の現場を関係者と再確認した．

4.1 慢性不良の事例

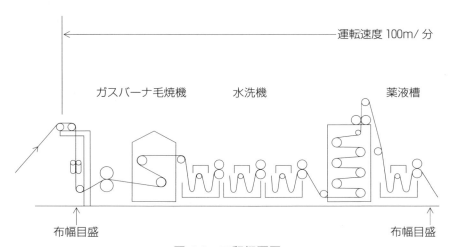

図 4.1 工程概要図
（出典）吉澤正，芳賀敏郎（編）：『多変量解析事例集　第1集』，日科技連出版社，p.184, 1992.

　染色加工工程は，漂白→染色→仕上→検査という連続工程であり，**図4.1** のような工程を約 6000 メートルの生地が走行し，途中高温スチーム中で約 1 時間滞留し，100m/min の速度で連続加工される．これらの工程では，機械の外側がカバーで覆われていて加工状況が観察できない．工場長も交えて，どのような取組みをするかを検討した．工場長の方から設備課長に「機械の外側のカバーは取ることができるか」という問いが出た．設備課長から「安全上からカバーをつけているが，製造上での品質はどうなのか」と逆質問が出た．製造課長は，「カバーがなくても品質への影響は少なく，ある期間だけに限定してなら，安全に注意を払ってやれば覆いがなくても製造できる」という回答があった．今までこの工程では細かいデータはとれないとしていたが，この制約を取り払わないと根本的なシワ対策ができないということで皆の考えが一致した．そこで，サンプリングを工夫し，現場の工程要因データを採取し，テーマ解決の糸口を得ることになった．そして，今回の改善活動のリーダーとして，カバーを外すことを決意してくれた設備課長が選ばれた．

　ピレネー・ストーリーの大切なステップであるステップ 1 の"問題・課題の本質の探索"において，テーマ解決への取組みの制約条件について，

今まで取り除くような話し合いは出なかった．しかし，今回は，その制約条件を取り除くことで意見が一致した．取組みの方向性が明確になったのである．

ステップ2：テーマの目標設定
　工程でのシワ発生は，再加工による納期延長，引いては不良品の増加によるコストの高騰を招く．あるべき姿としてはシワ発生0だが，今のところ具体的な改善策が読めない．今回の工程データ解析からその原因となる要因がわかり次第，その対策が打てるので，シワ発生の半減を目指すことになった．

ステップ3：テーマのタイプ設定
　テーマ化に至った経緯から，本テーマは慢性不良問題タイプである．

ステップ4：テーマタイプ別の解決に役立つ基本力を活用した対策立案
1）一定期間での漂白工程の特別調査
　慢性不良問題タイプでは，解析力と検証力の基本力を特に活用することがテーマ解決において大切であることがわかっているので，まず一定期間，製造担当者による現場観察を行った．今まで漂白工程では，約6000メートルの生地が，ほぼ密閉状態で連続加工されており，1人運転なので，漂白での製造状況は詳しくはとらえられていなかった．そこで，製造担当者1人体制に調査員としてもう1名追加して，**図4.2**の漂白工程のスチーマ出口と工程出口でのシワ発生の観察データを詳細にとることにした．**表4.1**は，その観察事項を記入した結果の表である．
　表4.1から，漂白工程でのシワ発生が多いことがわかり，そのシワ発生は"片寄りシワ"が大半を占め，それとスチーマ出口での"ガイダー外れ"（ガイダーがセンタリング装置から生地が外れる現象）とが関係していることが推察された．実際に"片寄りシワ"が生じたときは，ほとんどガイダー外れを起こしていた．

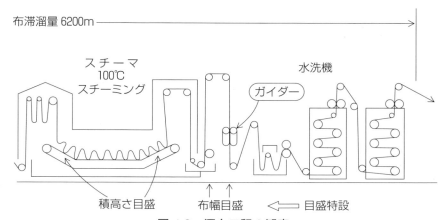

図 4.2　漂白工程の観察

（出典）吉澤正，芳賀敏郎（編）：『多変量解析事例集　第 1 集』，日科技連出版社，p.185, 1992.

表 4.1　漂白工程でのシワ発生の現場観察

〈シワ発生状況調査データ：7/11 〜 7/23〉

発生日時		○/#	発生生地		発生位置			シワの種類	発生場所	要因
日	時刻		生地名	品種	トロ番	追番	全追番			
7/11	13:20	F7588	M4688	E/C 厚地	3-3	7	1〜7	片寄りシワ	スチーマ出口	ガイダー外れ
7/12	8:05	B5773	D2270	高級ブロード	2-2	2〜5	1〜15	片寄りシワ	スチーマ出口	ガイダー外れ
7/16	20:30	F8338	G 552	綿コート地	1-1	2	1〜5	片寄りシワ	スチーマ出口	ガイダー外れ（幅変更遅れ）
7/17	2:45	D4966	Q4966	綿厚地	2-2	8〜12	1〜15	片寄りシワ	スチーマ出口	ガイダー外れ

シワ発生件数	シワ種類	要因
7 件	片寄りシワ 6 件	ガイダー外れ 5 件 バッチ巻付き 1 件
	耳巻シワ　1 件	特殊生地　1 件

（出典）吉澤正，芳賀敏郎（編）：『多変量解析事例集　第 1 集』，日科技連出版社，p.186, 1992.

2）検証力の発揮－"片寄りシワ"による"ガイダー外れ"の検証

　推察した"ガイダー外れ"については，シワ不良発生時点（工程出口）と，ガイダー外れ発生時点（スチーマ出口）に約 1 分間のタイムラグがあるため，改めて"片寄りシワ"と"ガイダー外れ"の関係を検証するために次の実

験を行った．
　a）故意にガイダー外れを起こし，生地にマークを入れた．
　b）それを次の染色工程あがりまで追跡し，シワがマーク上に残っているかを調べた．

その結果，"片寄りシワ"の主たる要因は"ガイダー外れ"であることが検証できたので，"ガイダー外れの要因解析"を次の課題として，この解析に取り組むことにした．

3）解析力の発揮－"シワの現状把握"

"シワの現状把握"から，"ガイダー外れ"があれば必ずシワが発生することが検証できたので，"ガイダー外れ"について，製造担当者や設備担当者など6人が集まりブレーンストーミングにより要因の洗い出しを行い，図4.3のような特性要因図を作成したうえで，固有技術上の判断から◯印の要因に絞り込んだ．

そして，取り組んだ解析プロセスの流れを図4.4に示す．以降，"ガイダー外れ"を対象として要因解析を進めた結果を示す．

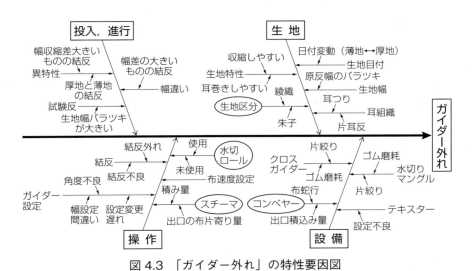

図4.3 「ガイダー外れ」の特性要因図

（出典）吉澤正，芳賀敏郎（編）：『多変量解析事例集　第1集』，日科技連出版社，p.188，1992．

4.1 慢性不良の事例

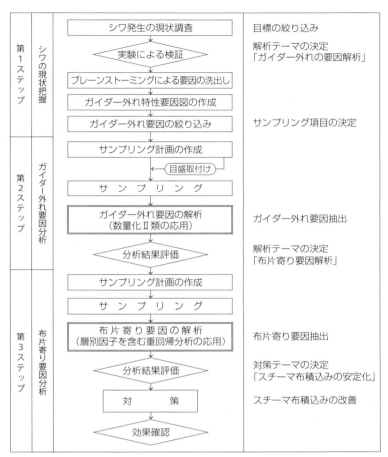

図 4.4 シワ不良に対して進めた要因解析のプロセスの流れ
(出典) 吉澤正, 芳賀敏郎(編):『多変量解析事例集 第 1 集』, 日科技連出版社, p.187, 1992.

4) 解析力の発揮 – "ガイダー外れの要因解析"

① サンプリングの工夫

工程中を 100 m /min の速度で, しかも大半が密閉室内を通過する生地の挙動について, 計量データによるサンプリングを行うのは容易ではない. そこで, 工程の各部をよく検討し, 図 4.5 に示す x_6, x_{11} の箇所に挙動を測定できるように目盛を取りつけた.

② データ化

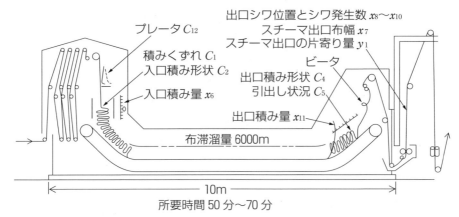

図 4.5　工程の各箇所に測定箇所を設定

（出典）吉澤正，芳賀敏郎（編）：『多変量解析事例集　第 1 集』，日科技連出版社，p.190, 1992.

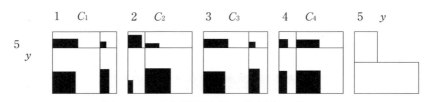

図 4.6　y と各説明変数の分割表のグラフ

（出典）吉澤正，芳賀敏郎（編）：『多変量解析事例集　第 1 集』，日科技連出版社，p.189, 1992.

特性要因図から絞り込んだ 4 つの要因を取り上げ，各要因によるデータとりのための各カテゴリーの内容を次のように設定した．

C_1：生地区分　　　　　　1：綿ブロード　　2：綿ローン
C_2：入口積み形状　　　　1：5″以上　　　　2：5″未満
C_3：水切りロール　　　　1：使用　　　　　2：不使用
C_4：出口積み形状　　　　1：+2　　　　　　2：+1 〜 -1
y：ガイダー外れ　　　　　1：あり　　　　　2：なし

スチーマ出口の片寄り量は，本来計量値でも測定できるが，今回は 5 インチ以上，5 インチ未満のカテゴリー変数に置き換えた．
　20 分間隔で系統的にサンプリングを行い，$n = 27$ のデータを得た．

③ 要因解析

ガイダー外れ y の"1．あり"，"2．なし"のカテゴリーに対して各説明変数の分割表を作り，それをグラフ化したものが**図 4.6** である．正方形の上は $y = 1$（ガイダー外れあり），下は $y = 2$（ガイダー外れなし）に対応し，左右は，説明変数の第 1，第 2 カテゴリーに対応している．このグラフから C_2（入口積み形状）が 1（5 インチ以上）のときガイダー外れが多く（5/7），C_2 が 2（5 インチ未満）のとき外れが少ない（2/20）ことがわかった．分割表での χ^2 検定を行うと，C_2 と y の χ^2 値は 10.2 で，1％で有意であり，他の説明変数と y の χ^2 値は有意でなかった．数量化理論 II 類でも解析を行ったが，やはり y に対して C_2 だけが意味のある説明変数となった．C_2 による判別の誤答率は，$(2+2)/27 \fallingdotseq 15\%$ である．

このことを考察すると，スチーマ出口で走行中の生地が片寄ると，片寄った方向に，生地の走行テンションが予想以上に強くかかり，生地がガイダーから外れるものと推察された．この結果から，このガイダー外れを防ぐ方策は，スチーマ出口の片寄り量を 5 インチ以内にすることであると考えられた．

5) 解析力の発揮 ― "生地の片寄り要因解析"

スチーマでの片寄りがガイダー外れの主因と考えられることから，図 4.5 に示すように，片寄り要因と考えられる 12 の要因を選定し，生地の片寄り量を目的変数として重回帰分析を行った．

① サンプリングの工夫

取り上げた要因とカテゴリーの内容を次に示す．

C_1：積みくずれ　　1：なし　2：あり

C_2：入口積み形状　1：∨　2：✓　3：⌵

x_3：スチーマタイミング（分）

C_4：出口積み形状　1：∧　2：⌃　3：⌒

C_5：引出し状況　　1：〰　2：〰

x_6：入口積み量

x_7：ビータ　1．不使用　2．使用

x_8：スチーマの出口布幅（インチ）

x_9：出口のシワの発生個数（右側・中央・左側）

x_{10}：出口積み量

C_{11}：プレータ　1：不使用　　2：使用

要因のうち，計量値としてデータのとれないものは，C_2，C_4，C_5のように，積み形状や引出し状況をパターン化した．x_8からx_{10}はいずれも出口のシワであるが，位置ごとに発生個数を数え，別々の変数とした．また，スチーマの入口と出口では70分のタイミングをとってサンプリングした．観測間隔は1～3時間で，1カ月半にわたって観測を続け，**図4.7**のように$n = 95$のデータを得た．また図4.7は説明変数の箇所を図示している．

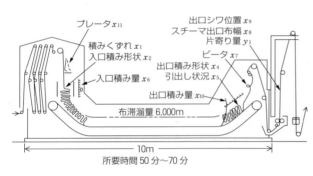

(サンプリングデータの一部)

要因 No.	x_1		x_2			x_3	x_4			x_5		x_6	x_7		x_8	x_9			x_{10}	x_{11}		y_1
	あり	なし	1 ∨	2 ∨	3 ∨	(分)	1 ∧	2 ∧	3 ∧	1 ～	2 ～		1 不使用	2 使用	(in)	1 R	2 C	3 L		1 不使用	2 使用	(in)
1	0	1	1	0	0	70	1	0	0	0	1	0	1	0	46.0	0	0	0	-1.0	0	1	0.0
2	1	0	1	0	0	70	1	0	0	0	1	0	1	0	46.0	0	0	0	-1.0	0	1	2.0
3	0	1	1	0	0	70	1	0	0	0	1	0	1	0	46.0	0	0	0	-1.0	0	1	1.0
4	0	1	1	0	0	70	1	0	0	1	0	-1.0	1	0	46.0	0	0	0	-1.0	0	1	1.0
5	0	1	1	0	0	70	1	0	0	0	1	1.0	1	0	46.0	0	0	0	-1.0	0	1	0.0

$n = 95$

図4.7　解析用に採取したデータとその箇所

② 重回帰分析による解析

12個の説明変数を候補として，ステップワイズ法で変数選択をすると，x_{10}（出口積み量）と C_4（出口積み形状）が選択できた．得られた重回帰式は，

$$\hat{y} = 1.608 + \begin{bmatrix} 0.000 & (C_4 = 1) \\ -0.307 & (C_4 = 2) \\ 1.063 & (C_4 = 3) \end{bmatrix} + 0.321 x_{10}$$

$$R^{**2} = 0.248, \quad s_e = 1.414$$

である．

$C_4 = 1$ と 2 の係数の差が 0.307 と小さく，$C_4 = 2$ の観測値がわずか 2 件しかないため，その t 値が -0.301 と小さくなった．そこで，$C_4 = 1$ と 2 の 2 つのカテゴリーを併合して解析すると，次の重回帰式が得られた．

$$\hat{y} = 1.602 + \begin{bmatrix} 0.000 & (C_4 = 1,2) \\ 1.170 & (C_4 = 3) \end{bmatrix} + 0.322 x_{10}$$

$$R^{**2} = 0.263, \quad s_e = 1.407$$

である．前の結果と比較すると，係数はほとんど変化はなく，二重自由度

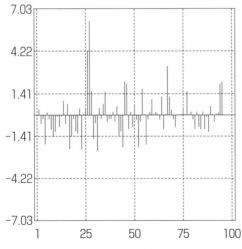

図 4.8 残差の時系列プロット

（出典）吉澤正，芳賀敏郎（編）：『多変量解析事例集 第 1 集』，日科技連出版社，p.192, 1992.

調整済の寄与率と残差の標準偏差は改善されている.

これらは時系列順でとったデータであるから,次に残差の時系列プロットをとった.図4.8がそのプロット図である.

No. 25,26,27のサンプルの残差が大きく,t値も3.2,3.3,5.3と異常に大きい.図4.9はyの予測値と残差の散布図を表し,図中にNo. 25,26,27のサンプルを表示している.

図4.9より,No. 25,26,27のサンプルが異常であることがわかる.次

i	実測値	予測値	残差	t値	てこ比	予測残差
17	0.000	2.247	-2.247	-1.650	0.046	-2.355
21	1.500	2.731	-1.231	-0.911	0.080*	-1.338
23	1.500	3.740	-2.240	-1.675	0.079	-2.431
24	4.000	3.901	0.099	0.073	0.088*	0.109
25	8.000	3.901	4.099	3.201*	0.088*	4.497
26	8.000	3.740	4.260	3.323*	0.079	4.625
27	10.000	3.740	6.260	5.267*	0.079	6.796
31	0.000	2.408	-2.408	-1.782	0.056	-2.551
44	0.000	2.128	-2.128	-1.571	0.059	-2.261
45	3.000	0.796	2.204	1.593	0.017	2.241
52	0.000	2.128	-2.128	-1.571	0.059	-2.261
67	4.000	0.796	3.204	2.352*	0.017	3.258
95	2.500	0.313	2.187	1.593	0.032	2.259

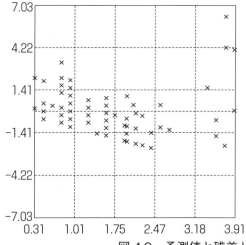

変数名	X軸 予測値	Y軸 回帰残差
データ数	95	95
最小値	0.313	-2.408
最大値	3.901	6.260
平均値	1.474	0.000
標準偏差	0.897	1.407

図4.9 予測値と残差との散布図

(出典)吉澤正,芳賀敏郎(編):『多変量解析事例集 第1集』,日科技連出版社,p.193, 1992.

に，実測のyの時系列変化に対して今回用いた要因C，xの変化との対応をグラフに表した（グラフは省略）．しかし，No. 25，26，27のyの大きな変化に対して連動する要因の変化は見出せなかった．寄与率も30％以下であることから，大きな要因を見逃している可能性があることがわかった．十分サンプリングを工夫したつもりでも，所詮データは影であり，真実の姿をとらえるには十分な観察が重要であることをさらに教えてくれた結果であった．残された要因解析は今後の課題とした．

生地の片寄りに与える要因を十分抽出できなかったが，得られた重回帰式の結果から，"ガイダー外れ"の要因となるスチーマ内での生地の片寄りは，要因C_4（出口積み形状）とx_{10}（出口積み量）に起因するところがある．したがって，片寄りを少なくするには，出口の積み量を少なくし，積み形状が片高にならないように左右の高さを揃えることだと判断した．

ステップ５：対策の実施

検証により，"シワ発生" → "片よりシワの発生" → "ガイダー外れ"と，現象・原因の解析を進めて，最終的に"ガイダー外れ"の工程要因解析を行った．この工程要因解析では，サンプリングの工夫やあまりなじみのなかった多変量解析を用いることで，解析力を発揮できるようにした．まだ残された要因はあるが，とにかく，ガイダー外れの対策として，スチーマのコンベヤーへの布積み量の軽減と，また布積み形状の安定化のために，布供給ガイドのセンタリング化を目指して，下記の改善策を実施した．

① コンベヤー布供給部の布センタリングガイドを設置
② コンベヤー布積み量の制限規定設定による標準化（ただし品種別に定める）

ステップ６：効果の確認

ステップ５での改善策を実施して加工を行ったところ，**表 4.2** に示すように，高級ブロード生地におけるガイダー外れ回数が減少し，対象製品の

表4.2 改善効果:ガイダー外れ回数比較

	改善前	改善後
外れ回数／総サンプル数	17／120	0／47

データ採取生地:高級ブロード(D2770)

(出典)吉澤正,芳賀敏郎(編):『多変量解析事例集 第1集』,日科技連出版社,p.194, 1992.

シワ不良が大幅に減少するという効果が表れた.要因解析ではまだ不十分であったが,対策効果は顕著に表れた.

ピレネー・ストーリーでは,慢性不良問題タイプの解決のための因果分析は,検証力と解析力が特に重要としている.この2つの基本力が発揮できるように意識して改善活動を進めた結果,"ガイダー外れ"の要因解析で見つけられた要因は,統計学上の寄与は大きくなかったが,有意な要因であることが確認できたので,とにかく対策を実施した.その結果,ガイダー外れはなくなり,目的の特性である"シワ不良"は大幅に減少した.また,シワ発生の減少により,不良による生地のスクラップや,生地の再加工などがなくなり,加工賃だけで年間で800万円のコスト削減を達成した.

ステップ7:歯止め―標準化の仕組み―

今回の取組みのように,慢性不良のような困難なテーマであっても,悪さ減少の観察を強化して,現場のデータをとる工夫を行い,検証と要因解析を繰り返して行っていけば,改善の糸口が得られることがわかった.何をなすべきかがわからなかった慢性不良テーマも,とにかく寄与のある要因が見つけられ,その対策を実施することで期待以上の大きな成果が得られた.今後は,このような難解な問題が生じても,工場長の招集により,製造課,設備課やその他横断的に課が集まり,討議して問題の本質を探り,それに見合ったテーマのタイプを決めて,タイプに応じた解決に必要な基本力を発揮できるように手法の活用を工夫すれば,解決の目途が得られるという自信がついた.

ステップ８：残された課題と今後の計画

要因解析では，例えすべての要因を一度に明確に抽出できなくても，多変量解析などの手法の活用により，逐次要因を探索していけば要因が見つけられることが認識できた．今回の経験から得られた教訓を以下に示す．

① 数値化できない対象でも，うまくパターン化し分類すれば，データとして活用できる．

② データは，あくまでもある一面を示す影であるので，以降も十分な観察を行い，真の姿をとらえるようなデータ採取の検討が必要である．

③ 人手と時間がなくデータがとれないという理由で，根拠がなくても固有技術からすぐに対策に走りがちであるが，工夫して合理的にサンプルを行えば固有技術に結びつく役立つ解析が可能である．

④ 解析法の数理的理論がわからなくても，どの手法がどんな問題に適用できるかを理解すれば，現場のさまざまな問題解決に活用できる．

本事例に関しての残された課題は，さらに現場でのシワ発生についての観察に勤め，それに対する仮説検証およびその要因解析を実施して万全な対策に結びつける．また，このテーマ解決を機に，役立つさまざまなQC手法の勉強会を計画的に実施したとのことである．

4.2　教育・活性化活動の事例

ここで紹介するのは，筆者（今里）が企業の能力開発センターで研修の企画を担当していた時代に取り組んだ事例をもとに作成したものである．社員に新QC七つ道具の知識を付与するため，入社５年目の社員を対象に実施している２日間の実践研修の受講者理解度を向上することを目的に，"新QC七つ道具（以降，N7とよぶ）研修の理解度向上"に取り組んだ事例である．

この事例においては，テーマタイプは"教育・活性化活動タイプ"であり，活用した基本力は"構想力"と"推理力"である．

ステップ1：問題の本質探索

本事例の企業では，能力段階に応じて研修内容を設定し，実務経験5年程度の社員を対象に，N7の研修を実施している（**図 4.10** 右上図参照）．

一般社員のQC手法修得状況・活用状況は，手法によって差があるものの，N7はQC七つ道具に比べると修得・活用状況とも低いレベルであった．

また，図4.10に示すように，N7研修受講後の受講者理解度アンケートは「ほぼ理解できた」という回答が多いが，QC活動への活用までは至っていないようであった．

以上のことから，N7に対する自己啓発を促し，N7の積極的な活用を図るために，過去1年間の研修結果，ならびに受講者派遣側所属長のニーズを解析し，今後のN7研修の実施方策を検討することにした．

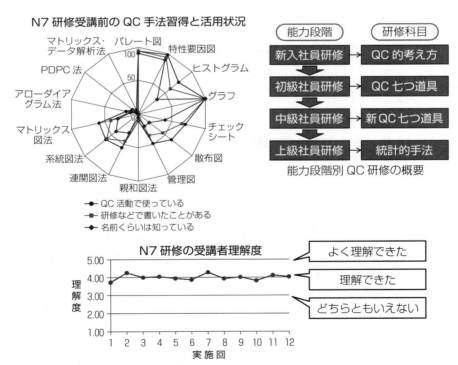

図 4.10　N7研修受講前のQC手法習得状況と受講者理解度

ステップ2:テーマの目標設定

ステップ1で把握した受講者理解度(SD値)をすべての研修において,4.0以上とすることをテーマの目標とした.

ステップ3:テーマのタイプ設定

テーマタイプは"教育・活性化活動タイプ"であり,基本力はN7を活用した"構想力"と多変量解析を活用した"推理力"で進めている.

ステップ4:テーマタイプ別の解決に役立つ基本力を駆使した対策立案

1)親和図法によるニーズの整理

N7研修に関して,受講者を派遣している事業所の所長や課長にインタビューを行い,出てきたさまざまな意見や要望を書き出して得られた言語データから,図4.11に示す親和図を作成した.

図4.11の親和図からわかったことを整理すると,「N7の基本を教える」,「実務に役立つ実践的な教育を行う」,「手法ごとに教育の強弱をつける」の

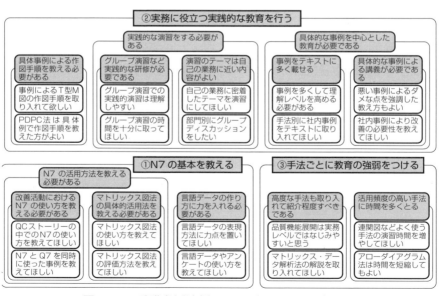

図4.11 受講者派遣側のニーズをまとめた親和図

3つの島(親和データ)にまとまった.

1つ目の「N7の基本を教える」では，N7の基本である言語データの意味・表現方法をじっくりと教え，各手法の概論・作図方法を手順に沿って着実に教えることが求められていることがわかった．2つ目の「実務に役立つ実践的な教育を行う」では，実務に役立つ実践的方法を取り入れ，具体事例による作図方法を教え，グループ演習で手法を修得させる必要があることがわかった．演習では，時間を十分に取り，テーマは自己の業務に応用の効くものとし，さらに，テキストには社内事例を多く載せ，事例を中心に講義を進めることが大切であることがわかった．3つ目の「手法ごとに教育の強弱をつける」では，限られた時間内に，より効果的な研修をするために，手法によって時間・内容などに強弱をつける必要があるとわかった．

2）連関図法による原因の追究

N7研修受講者の研修受講後のアンケートより，「N7研修で手法の作図・活用方法が完全にマスターできなかった」理由を抽出し，その原因を図4.12に示す連関図で追求した．

その結果，「社内独自のテキストでない」，「講師が各自自己流で教えている」，「事例が業務に合っていない」の3つが主要因であることがわかり，実態を検証した．

各主要因の検証を行ったところ，次のことがわかった．

主要因1：「社内独自のテキストでない」について，教材の割合をページ数で計測した．その結果，94.4％が書籍や一般資料を使っており，社内向きに作られた資料は，一部の作図手順のみであった．このことから，社内独自のテキストでないことがわかった(図4.13上段参照).

主要因2：「講師が各自自己流で教えている」について，講師別に講義と演習の時間を測定した．その結果，講師によって講義と演習時間の割合が異なっており，講義のポイントや演習方

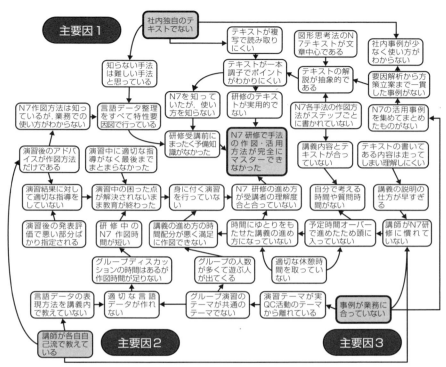

図 4.12 「N7 研修で手法の作図・活用方法が完全にマスターできない」の連関図

法が講師任せになっていた．このことから，講師が自己流で教えていることがわかった（図 4.13 中段参照）．

主要因 3：「事例が業務に合っていない」について，紹介している事例の点数を測定した．その結果，紹介している 21 事例のうち，社内は 5 事例であり，部門別に見れば，大半が技術の事例であった．このことから，受講者の業務に合った事例が少ないことがわかった（図 4.13 下段参照）．

3）系統図法による方策の立案

N7 研修を充実させるために，「ホームメイドの研修にする」を目的に，図 4.14 に示す系統図を使って対策の検討を行った．

まず，系統図の目的に，「ホームメイドの研修にする」を設定した．一次

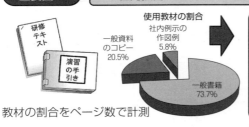

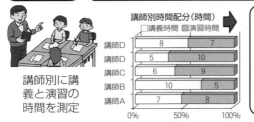

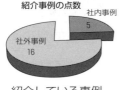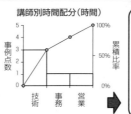

図 4.13　主要因の検証

手段は,「職場に見合った研修をする」,「理解しやすい進め方にする」とした.

　この2つの一次手段ごとに,二次手段,三次手段と展開していった.一次手段「職場に見合った研修をする」では,「実務に合ったテキストを作成する」と「実務に合った教材を作成する」の2つの二次手段を出している.さらに,二次手段「実務に合ったテキストを作成する」では,「具体的なテキストの内容にする」と「業務の例で作図手順を解説する」の2つの三次手段を展開している.

4.2 教育・活性化活動の事例

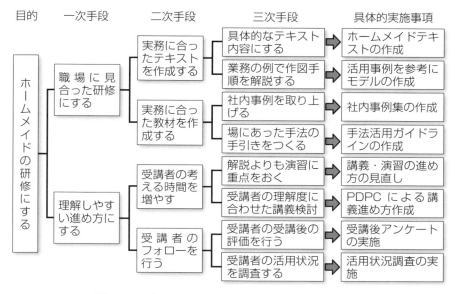

図 4.14 「ホームメイドの研修にする」の系統図

これらの三次手段からそれぞれ具体的な実施事項を決めて,実施対策とした.

ステップ 5：対策の実施

1) マトリックス図法で手法活用のガイドライン作成

「問題解決を行うときに有効な QC 手法のガイドをつくる」という目的を設定し,関連する情報「社内で実践している事例」を調査し,**図 4.15** に示すマトリックス図にまとめた.

調査項目は,問題解決の「ねらい」と「活用手法」である.調査対象は,昨年 1 年間の社内での問題解決事例とし,調査した結果は,1 事例ごとにカードにねらいと活用手法を記入していった.

マトリックス図を作成した結果,交点の○,◎印に着目すると,「N7 は営業活動や開発設計でよく使われている」ことがわかった.また集計表からは,「N7 は連関図,系統図,マトリックス図がいろいろな活動で使われている」ことがわかった.

2) アローダイアグラム法による実行計画の作成

先に検討した系統図の具体的対策の中から，受講者の理解度を高めるのに効果があると考えられる次の3つの実行対策，「ホームメイドテキストの作成」，「社内事例集の作成」，「PDPCによる講義の進め方作成」を選定した．

これらの改善策を進めるにあたって，図4.16に示すアローダイアグラムでスケジュールを作成することにした．アローダイアグラムの作成にあたっては，研修担当箇所（研修総務局と担当講師）と受講者を派遣している事業部，ならびに受講者と関係箇所を設定した．

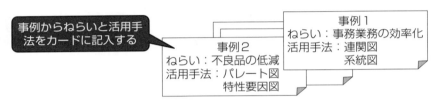

ねらい＼活用手法	QC七つ道具							新QC七つ道具							統計的手法		
	パレート図	特性要因図	ヒストグラム	グラフ	チェックシート	散布図	管理図	親和図法	連関図法	系統図法	マトリックス図法	アローダイアグラム法	PDPC法	マトリックス・データ解析法	分散分析	相関分析	回帰分析
新商品の開発				◎	◎			○	◎	◎	◎		◎	◎			
提案型営業の展開	◎	◎						○	◎							○	○
顧客サービスの向上								◎	○	○							
製品不良の低減	○	○	○	○	◎	○				◎				○			
事務不具合の減少	○	○							○	◎							
ヒューマンエラー防止									◎	◎			○				
技術レベルの向上		○	◎						○							○	○
業務の時間短縮		◎							◎	◎	○						
在庫の低減	○								◎	◎	◎		◎				
作業災害の撲滅				○	◎				◎		◎						
トラブルの未然防止				○	○				◎	◎	◎		◎				
(評価点)	6	11	6	29	29	7	0	5	8	27	20	2	11	5	1	3	2

図4.15 問題解決に役立つ手法のマトリックス図

4.2 教育・活性化活動の事例

作業の範囲は，実行対策の計画段階から実際の受講までとし，受講後の受講者による研修内容の評価までとした．所要日数については，計画を始めた6月6日をスタートに，研修が予定されている8月上旬までとし，カレンダーに合わせた日程を上段に明記して作成した．

まず，「記載事例選定」を行った7月6日に「活用事例集」の原案を作成した．同時に作成した「テキスト」と合わせて印刷を行い，7月20日に完成した．

「講義の進め方PDPC」は，担当講師が集まって，研修時の受講者の反応を思い起こし，受講者アンケートの結果から「研修内容を理解させる」を目的に強制連結型のPDPCを作成した．

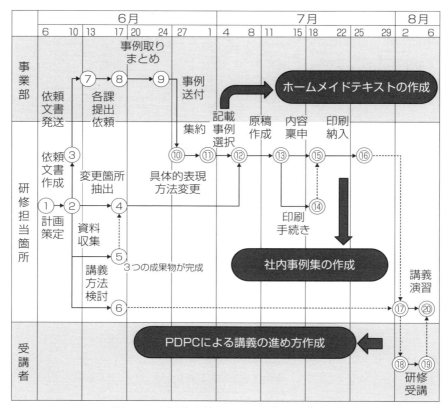

図4.16　対策実施のアローダイアグラム

3）理解度向上を目的に講義方法の PDPC を作成

N7 の研修を始めたところ，「親和図法」がなかなか難しく，受講者の理解度が低いものであった．そこで，図 4.17 に示すように，講師陣が集まり，受講者の理解度を向上させるために，「親和図法」を習得させる講義方法の PDPC を作成して実施した．

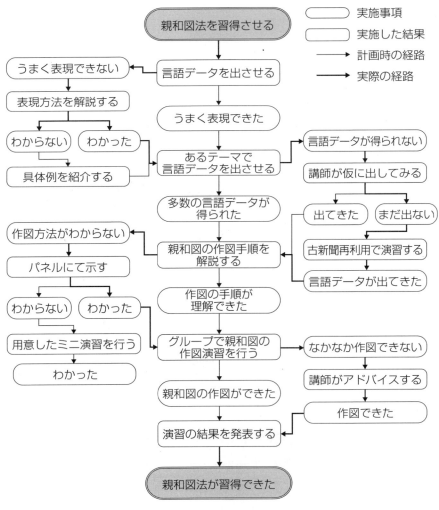

図 4.17 「親和図法」を習得させる PDPC

まず，基本的な講義の進め方として，言語データの出し方や作り方を教え，親和図の作図手順を解説し，グループ演習を行うことにした．講義を進めるに従って，絶えず受講者の状況を把握し，少しでもわからないという様子を感じたなら，少し時間をとって理解できるような例え話や簡単な演習を取り入れることにした．

例えば，言語データが得られないときは，講師が"仮に意見データを出して"手本を見せることで，講義を前に進める．それでも言語データがうまく出せないときは，古新聞を題材に再利用の方法を考える演習を行うことにした．ここまで行えば，ほとんどの場合，言語データをうまく出すことができると考えられたので，この時点で親和図の基本ルートに戻すようにした．

以上のように，基本的な講義の進め方で理解できない場合，不測事態として打開策を考え，常に基本ルートへ戻せるよう，PDPC を作成していった．

研修中は，完成した PDPC を教卓に置いて，進めていった経路を記入していくことにした．

受講者の反応から，基本ルートを外れたときは，その時点の不測事態を確認し，あらかじめ予定していた打開策を実行することとし，このとき，先に用意した打開策以外にその場で行った打開策があった場合，PDPC に記入しておくことにした．

ステップ６：効果の確認

N7 研修で対策の試行を行い，対策内容が研修効果にどのように反映されているかを受講者理解度アンケートで把握した．

図 4.18 の結果から，N7 研修の受講者理解度を回数別に折れ線グラフを書いたところ，対策実施後の理解度は，対策実施前よりも上昇傾向にあることがわかった．

さらに，10 事業所について，研修受講率とテーマ完了率の散布図を書いたところ，相関があることがわかった．この結果，研修がテーマ完了率

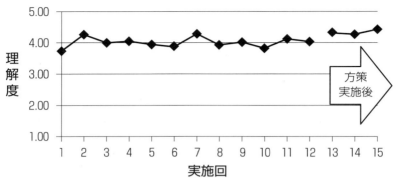

図 4.18 対策実施前後の理解度の比較

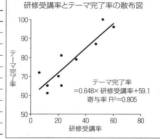

図 4.19 散布図と相関・回帰分析による業績評価

に効果があることがわかった(相関係数 $r = 0.897$,回帰式 y(テーマ完了率) $= 59.1 + 0.648 \times x$(研修受講率))(**図 4.19 参照**).

ステップ 7:歯止め―標準化の仕組み―

今回の取組みで得られた成果(カリキュラム,ホームメイドのテキスト,講義の進め方)を標準化し,今後の研修を行っていくことにした.また,この講義を担当する講師をはじめとして,事務局も含めた関係者に周知することを目的に説明会を実施した.

ステップ 8:残された課題と今後の計画

マトリックス・データ解析法を使って,今後の QC 研修を検討すること

にした.

30人の社員にQC関係のテストを行った. 得点は100点満点とし,「QC的考え方」,「QC七つ道具」,「QCストーリー」,「統計的手法」,「新QC七つ道具」の5つのテストを実施した.

上記のテスト結果からマトリックス・データ解析を行い, 固有値と寄与率を求めた. 取り上げる主成分は, 累積寄与率が86.4%を占める第1主成分と第2主成分とした(図4.20参照).

第1主成分は,「QC的考え方」,「QCストーリー」,「新QC七つ道具」の因子負荷量が+であり,「QC七つ道具」,「統計的手法」の因子負荷量が-であることから,「思考力」と名づけた. 第1主成分は, +側にいくほどQCに関するマインドが身についていると評価でき, -側にいくほど手法に対するスキルが身についていると評価することができた. 第2主成分は, すべての評価項目の因子負荷量が「+」であるので,「総合力」と名付けた.

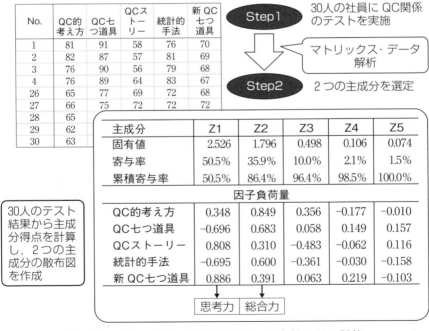

図4.20 テスト結果と因子負荷量, 固有値などの計算

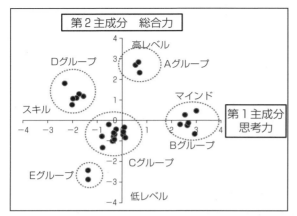

図 4.21 テスト結果と因子負荷量,固有値などの計算

　30人のテスト結果から主成分スコアを計算し,第1主成分(思考力)と第2主成分(総合力)の2軸で散布図を作成した.この散布図から,社員の能力レベルを6つのグループに分類した.Aグループは,マインドとスキルともに高いレベルである.B,C,Dグループは,普通のレベルであり,Bグループはマインド,Dグループはスキルのレベルがついているようである.Eグループのレベルは低いものである(**図 4.21** 参照).

　以上の結果から,社員のレベルに応じた研修プログラムを作ることにした.

引用・参考文献

[1] 吉澤正,芳賀敏郎(編):『多変量解析事例集　第1集』,日科技連出版社,pp.183-196,1992.
[2] 今里健一郎:『新QC七つ道具の使い方がよくわかる本』,秀和システム,2012.

第 II 部

ビッグデータ時代への準備

　既存のQC手法では，テーマ解決のための予知力を発揮する手法が少ないことや，改善活動の過程など得られた知見の言語情報などを系統的にストックする必要があることなどから，第II部は，これからのビッグデータ時代における準備とした．

　第II部の構成は次のとおりである．

　　第5章　予測のためのデータマイニング
　　第6章　将来のテーマ解決のためのビッグデータ生成法

　第II部では，まず予知力を発揮するための最近のデータマイニングの手法を紹介し，次いでテーマ解決などのプロセスで得られる知見言語情報を将来のテーマ解決に役立たせるためのビッグデータ生成法について紹介する．加えて，言語データを登録するための簡易ツールの使用方法を解説する．ぜひこれからのテーマ解決の推進に役立ていただきたい．

第5章
予測のためのデータマイニング

　ピレネー・ストーリーでは，テーマ選定前の現状把握における問題の本質探究に主眼を置いている．問題の本質探究とは，言い換えれば，問題の発生メカニズムを把握するということに他ならない．しかし，問題の発生メカニズムを明確に捉えられる機会は少なく，メカニズムのわからない現象を取り扱うことが多いのが実情である．そのような状況のとき，現状調査などで多くの数値的なデータが利用できるならば，データマイニングを実行してみるとよい．メカニズムの不明な現象の取扱いに関するさまざまなヒントが得られるであろう．

5.1　はじめに
　データマイニングという言葉は，昨今，大量のデータから有用な情報を引き出すデータ解析手法，あるいは，その集合体という意味で用いられている．そして，大量のデータとは，通常は観測単位の個数の多さを意味する大標本データであり，その取扱いの妥当性については数理統計学の大標本理論などが中心的役割を果たしてきた．しかし，計算機の発展とデータベース構築の技術の進歩により，観測単位1個あたりの観測特性の記録項目が飛躍的に増加し，何百次元という観測特性をもつ高次元のデータが随所に現れるようになった．この高次元データも，観測特性の多さという意味での情報を大量にもつデータだと考えられている．高次元データで観測単位の個数が次元数より少ないものは，通常の統計解析手法では一括して取り扱うことが難しい．
　このようなデータを自由自在に処理するために，計算機科学の中の機械学習の手法(Vapnik(1998)，Cristianini & Shawe-Taylor(2000)，Bishop(2006))，計算機統計学の手法(Rizzo(2008))が導入されてきた．大量の

データを取り扱うデータマイニングは，従来の多変量解析法（小西（2013））を含め，機械学習の手法および計算機統計学の手法から構成されている（Giudici & Figini（2009））．最近では，データマイニングのさまざまな手法は，「統計的学習理論」として，統一的な視点から解説されている（Hastie, Tibshirani & Friedman（2009））．

データマイニングが成果を上げている分野の一つに，発生メカニズムが不明な現象の観測データから現象の発生を予測するというものがある．その考え方は，現象が発生したときと発生していないときの状態を示す観測データを大量に蓄積して，現象が発生する前の状態での観測データが新しく得られたときに，現象発生の有無を予測するというものである．この分野のデータマイニングは，分類のためのデータマイニングと呼ばれ，ピレネー・ストーリーの基本力の一つである「予知力」を提供する手法群であると考えられる．

本章では，ある品質問題を用いて，分類のためのデータマイニングの各手法を適用して，各手法の「予知力」を調べた事例を紹介する．

本章の構成は，まず，事例の概要を述べる．次に，データマイニングの各手法の簡単な解説と，事例に適用した結果を述べる．採り上げる手法は，線形判別，MTシステム，ロジスティック判別，ニューラルネット，サポート・ベクター・マシーン，分類木，k近傍法，バギング，ブースティングの9手法である．

なお，本章の内容は，磯貝（2015）に加筆したものである．

また，調査データの利用を快く許可してくださったユニバーサル製缶株式会社と，調査に携われた打田浩明氏ならびに関係諸氏に深く感謝の意を表し，謝辞とする．

5.2 本事例の概要

本事例はアルミボトルを用いた飲料の内圧測定に関する調査である．アルミボトル飲料は，内圧（缶内圧）が低すぎると不良品と判定される．通常は，缶内圧の高低の検査のために，アルミボトルの上部に急激な振動によ

る衝撃を与えて，その打検音を観測して良・不良の判定を行っている．打検音はそのアナログデータが直接利用されるわけではなく，スペクトルデータに変換されて用いられている．各スペクトルの観測値は512個の周波数(横軸)に対する振幅(縦軸)という形で与えられる512次元データである．スペクトルデータの詳細については，夏木・打田・磯貝(2012)を参照．

本事例で用いるデータベースは，実験によりさまざまな内圧の下での打検音のスペクトルデータが集められた調査データである．各アルミボトルから得られるデータの構成は，スペクトルデータ，内圧の実測値，良・不良の判定，実験条件となっている．調査データの全観測データ数は900である．

本事例では，アルミボトルの打検音のスペクトルデータから内圧の良・不良(高低)の判定がどの程度予測可能かを，各種手法を用いて調べる．

予測精度の評価は次のように行う．まず，900個のデータを無作為に2つに分けて，学習用データ(観測数650)と検証用データ(観測数250)とする．学習用データを用いて，各手法の予測式を求め，その予測式を用いて検証用データのスペクトルデータから良・不良の判定の予測を行う．予測が間違うとき，すなわち誤判別を行う場合には2つのケース(良品を不良品と判定するか，あるいは，不良品を良品と判定する)がある．その誤判別の件数を合計し，その合計を検証用データの観測数250で割って予測精度の比較を行う．

スペクトルデータを取り扱うとき，手法の中に512次元データを取り扱えないものも存在するため，この事例紹介では512次元データから部分集合を取り出して，320次元のスペクトルデータを用いて手法の予測精度の評価を行う．

図5.1に良品と不良品のスペクトルデータの一例を挙げる．明らかに良品と不良品とでは波形に相違がある．

スペクトルデータの記号としては，一般的には $\mathbf{x} = (x_1, x_2, \cdots, x_p)^T$，観測データの記号としては $\mathbf{x}_i = (x_{i1}, x_{i2}, \cdots, x_{ip})^T$ $(i=1, 2, \cdots, n)$ を用いる．$\mathbf{x}$ の中の $x_j (j=1, \cdots, p)$ は取り上げた周波数に対する振幅を表している．ま

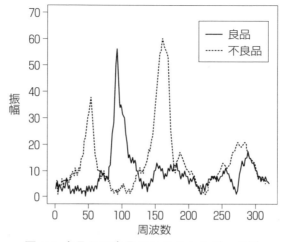

図5.1 良品と不良品のスペクトルデータ例

た，良・不良の判定に関する記号としては，yを用いて，

$$y = \begin{cases} 1 \Leftrightarrow \text{良品} \\ -1 \Leftrightarrow \text{不良品} \end{cases} \quad \text{または} \quad y = \begin{cases} 1 \Leftrightarrow \text{良品} \\ 0 \Leftrightarrow \text{不良品} \end{cases}$$

などで表す．以下では，$\mathbf{x}$は入力，yは出力と考える．

$\mathbf{x}$は，統計学では，通常，予測変数（predictor），あるいは独立変数，ときには共変量などと呼ばれている．特に，機械学習の分野では$\mathbf{x}$は特徴（feature）と呼ばれ，$\mathbf{x}$の存在する空間を特徴空間という．一方，yは応答変数，あるいは従属変数と呼ばれる．また，分類を表す変数という意味で，yはラベル変数とも呼ばれる．

5.3　分類のための各種データマイニング手法

(1)　線形判別

1) 判別の問題

具体例として，ある製品について，品質に影響を与えている2つの特性x_1，x_2が製品ごとに調査され，出荷時の検査で良品，不良品の判定が行われているとする．表5.1に2つの群G_1（良品群），G_2（不良品群）の2次元

表5.1　群 G_1 と G_2 のデータ

G_1		G_2	
(x_1, x_2)		(x_1, x_2)	
13.3	10.1	7.4	4.5
13.1	10.2	5.2	6.7
12.8	8.2	6.9	5.2
13.6	5.8	7.3	2.4
15.4	9.2	1.4	1.2
13.7	6.2	4.4	6.5
12.6	6.6	5.2	2.9
14.5	6.8	2.9	5.1
11.5	10.3	7.2	1.8
9.7	11.7	3.5	4.2
12.3	9.9	4.7	3.8
8.8	7.9	4.7	6.5
12.4	6.7	9.3	2
14.9	13.4	4.5	3.9
12.5	10.3	6	1.8
11.9	9.2	6.2	7.2
11.6	6.7	6.2	1.5
11.9	9.8	7.7	5.7
13.1	8.4	3.7	6
15.3	5.8	6.4	5.1

データ, $\mathbf{x}_i^{(1)} = \left(x_{i1}^{(1)}, x_{i2}^{(1)}\right)^T$ $(i=1, 2, \cdots, n_1)$, $\mathbf{x}_i^{(2)} = \left(x_{i1}^{(2)}, x_{i2}^{(2)}\right)^T$ $(i=1, 2, \cdots, n_2)$ の一覧を示す．データ数はともに $n_1 = n_2 = 20$ である．図5.2にデータの散布図(G_1：■印，G_2：●印)を示す．新しく製品のデータ $\mathbf{x} = (5.5, 12.5)^T$ が与えられたときに，この $\mathbf{x}$ が群 G_1 と群 G_2 のどちらに属するかを判定する．

2) フィッシャーの線形判別関数

さて，ここでは高次元データを取り扱うので，p 次元データの形で問題を述べる．群 G_1 と G_2 から取り出された p 次元データを，

$$\mathbf{x}_i^{(1)} = (x_{i1}^{(1)}, x_{i2}^{(1)}, \cdots, x_{ip}^{(1)})^T \in G_1 \quad (i=1, 2, \cdots, n_1)$$
$$\mathbf{x}_i^{(2)} = (x_{i1}^{(2)}, x_{i2}^{(2)}, \cdots, x_{ip}^{(2)})^T \in G_2 \quad (i=1, 2, \cdots, n_2)$$

とする．新しく p 次元データ $\mathbf{x} = (x_1, x_2, \cdots, x_p)^T$ が与えられたときに，この $\mathbf{x}$ が群 G_1 か群 G_2 のどちらに属するかを判定する．

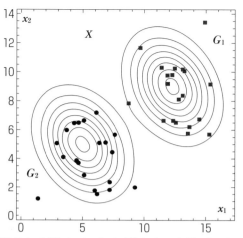

図 5.2 表 5.1 の群 G_1 と G_2 に関する 2 次元データの散布図

一つの解決策が，群 G_1 と G_2 を描写する確率分布を導入することで得られる．確率分布として p 次元正規分布 $N_p(\mu, \Sigma)$ を採り上げると，$N_p(\mu, \Sigma)$ の確率密度関数は，

$$f(\mathbf{x} \mid \mu, \Sigma) = \frac{1}{(2\pi)^{p/2} |\Sigma|^{1/2}} \exp\left\{-\frac{1}{2}(\mathbf{x}-\mu)^T \Sigma^{-1}(\mathbf{x}-\mu)\right\}$$

で与えられる．ここで平均ベクトル μ と分散共分散行列 Σ は，

$$\mu = (\mu_1, \mu_2, \cdots, \mu_p)^T = (E[x_1], E[x_2], \cdots, E[x_p])^T$$

$$\Sigma = (\sigma_{ij}) = (E[(x_i - \mu_i)(x_j - \mu_j)]) = E[(\mathbf{x}-\mu)(\mathbf{x}-\mu)^T]$$

$$(i = 1, 2, \cdots, p\,;\, j = 1, 2, \cdots, p)$$

で定義される．記号 $E[\cdot]$ は密度 $f(\mathbf{x} \mid \mu, \Sigma)$ に関する期待値を示す．

群 G_1 と G_2 の確率密度関数 $f(\mathbf{x} \mid G_1)$ と $f(\mathbf{x} \mid G_2)$ を，

$$f(\mathbf{x}|G_1) = f(\mathbf{x}|\mu_1, \Sigma_1) = \frac{1}{(2\pi)^{p/2}|\Sigma_1|^{1/2}} \exp\left\{-\frac{1}{2}(\mathbf{x}-\mu_1)^T \Sigma_1^{-1}(\mathbf{x}-\mu_1)\right\}$$

$$f(\mathbf{x}|G_2) = f(\mathbf{x}|\mu_2, \Sigma_2) = \frac{1}{(2\pi)^{p/2}|\Sigma_2|^{1/2}} \exp\left\{-\frac{1}{2}(\mathbf{x}-\mu_2)^T \Sigma_2^{-1}(\mathbf{x}-\mu_2)\right\}$$

で与える．図 5.2 では，2 次元の場合の群 G_1 と G_2 の確率密度関数 $f(\mathbf{x} \mid G_1)$

と $f(\mathbf{x} \mid G_2)$ の等高線図を描いている．楕円の中心部に近づくほど密度関数の等高線は高くなっている．

さて，新しく p 次元データ $\mathbf{x} = (x_1, x_2, \cdots, x_p)^T$ が与えられたときに，確率密度関数 $f(\mathbf{x} \mid G_1)$ と $f(\mathbf{x} \mid G_2)$ を用いて，

$$f(\mathbf{x} \mid G_1) \geq f(\mathbf{x} \mid G_2) \Rightarrow \mathbf{x} \in G_1$$
$$f(\mathbf{x} \mid G_1) < f(\mathbf{x} \mid G_2) \Rightarrow \mathbf{x} \in G_2$$

と判定することにする．すなわち，$\mathbf{x} = (x_1, x_2, \cdots, x_p)^T$ の確率密度の値が大きい群に $\mathbf{x}$ を割りあてる．この判定方式を書き直せば，

$$\log \frac{f(\mathbf{x} \mid G_1)}{f(\mathbf{x} \mid G_2)} \begin{cases} \geq 0 \Rightarrow \mathbf{x} \in G_1 \\ < 0 \Rightarrow \mathbf{x} \in G_2 \end{cases}$$

となる．ここで，群 G_1 と G_2 の分散共分散行列 Σ_1 と Σ_2 が等しい（$\Sigma_1 = \Sigma_2 = \Sigma$）と仮定すれば，判定方式は，

$$\log \frac{f(\mathbf{x} \mid G_1)}{f(\mathbf{x} \mid G_2)} = (\boldsymbol{\mu}_1 - \boldsymbol{\mu}_2)^T \Sigma^{-1} \mathbf{x}$$
$$- \frac{1}{2} (\boldsymbol{\mu}_1 - \boldsymbol{\mu}_2)^T \Sigma^{-1} (\boldsymbol{\mu}_1 + \boldsymbol{\mu}_2) \begin{cases} \geq 0 \Rightarrow \mathbf{x} \in G_1 \\ < 0 \Rightarrow \mathbf{x} \in G_2 \end{cases}$$

と簡単になり，$\mathbf{x}$ に関する線形式，

$$L(\mathbf{x}) = \boldsymbol{\beta}^T \mathbf{x} + c = \beta_1 x_1 + \beta_2 x_2 + \cdots + \beta_p x_p + c \begin{cases} \geq 0 \Rightarrow \mathbf{x} \in G_1 \\ < 0 \Rightarrow \mathbf{x} \in G_2 \end{cases}$$

$$\left(\text{ここで，} \boldsymbol{\beta} = \Sigma^{-1}(\boldsymbol{\mu}_1 - \boldsymbol{\mu}_2), \ c = -\frac{1}{2}(\boldsymbol{\mu}_1 - \boldsymbol{\mu}_2)^T \Sigma^{-1}(\boldsymbol{\mu}_1 + \boldsymbol{\mu}_2)\right)$$

が得られる．この線形式，

$$L(\mathbf{x}) = (\boldsymbol{\mu}_1 - \boldsymbol{\mu}_2)^T \Sigma^{-1} \mathbf{x} - \frac{1}{2} (\boldsymbol{\mu}_1 - \boldsymbol{\mu}_2)^T \Sigma^{-1} (\boldsymbol{\mu}_1 + \boldsymbol{\mu}_2)$$

をフィッシャーの線形判別関数と呼ぶ．

通常，群 G_1 と G_2 の $\boldsymbol{\mu}_1, \Sigma_1, \boldsymbol{\mu}_2, \Sigma_2$ は未知なので，観測データから推定する．各推定値は，

$$\mathbf{x}_i^{(1)} \in G_1 \quad (i = 1, \cdots, n_1) \Rightarrow \hat{\boldsymbol{\mu}}_1 = \bar{\mathbf{x}}^{(1)} = \frac{1}{n_1} \sum_{i=1}^{n_1} \mathbf{x}_i^{(1)},$$

$$\hat{\Sigma}_1 = \frac{1}{n_1-1} \sum_{i=1}^{n_1} \left(\mathbf{x}_i^{(1)} - \overline{\mathbf{x}}^{(1)}\right)\left(\mathbf{x}_i^{(1)} - \overline{\mathbf{x}}^{(1)}\right)^T$$

$$\mathbf{x}_i^{(2)} \in G_2 \quad (i=1, \cdots, n_2) \Rightarrow \hat{\boldsymbol{\mu}}_2 = \overline{\mathbf{x}}^{(2)} = \frac{1}{n_2}\sum_{i=1}^{n_2}\mathbf{x}_i^{(2)},$$

$$\hat{\Sigma}_2 = \frac{1}{n_2-1} \sum_{i=1}^{n_2} \left(\mathbf{x}_i^{(2)} - \overline{\mathbf{x}}^{(2)}\right)\left(\mathbf{x}_i^{(2)} - \overline{\mathbf{x}}^{(2)}\right)^T$$

となる．群 G_1 と G_2 の分散共分散行列 Σ_1 と Σ_2 が等しい場合（$\Sigma_1 = \Sigma_2 = \Sigma$）には，$\Sigma$ の推定値は，

$$\hat{\Sigma} = \frac{1}{n_1+n_2-2}\left\{(n_1-1)\hat{\Sigma}_1 + (n_2-1)\hat{\Sigma}_2\right\}$$
$$= \frac{1}{n_1+n_2-2}\left\{\sum_{i=1}^{n_1}\left(\mathbf{x}_i^{(1)}-\overline{\mathbf{x}}^{(1)}\right)\left(\mathbf{x}_i^{(1)}-\overline{\mathbf{x}}^{(1)}\right)^T + \sum_{i=1}^{n_2}\left(\mathbf{x}_i^{(2)}-\overline{\mathbf{x}}^{(2)}\right)\left(\mathbf{x}_i^{(2)}-\overline{\mathbf{x}}^{(2)}\right)^T\right\}$$

で与えられる．$\hat{\Sigma}_1, \hat{\Sigma}_2, \hat{\Sigma}$ は不偏分散共分散行列である．

このとき，推定値を用いたフィッシャーの線形判別関数による判定方式は，

$$L(\mathbf{x}) = \left(\overline{\mathbf{x}}^{(1)} - \overline{\mathbf{x}}^{(2)}\right)^T \hat{\Sigma}^{-1}\mathbf{x}$$
$$- \frac{1}{2}\left(\overline{\mathbf{x}}^{(1)} - \overline{\mathbf{x}}^{(2)}\right)^T \hat{\Sigma}^{-1}\left(\overline{\mathbf{x}}^{(1)} + \overline{\mathbf{x}}^{(2)}\right) \begin{cases} \geq 0 \Rightarrow \mathbf{x} \in G_1 \\ < 0 \Rightarrow \mathbf{x} \in G_2 \end{cases}$$

で与えられる．

3）数値例

表 5.1 の 2 次元データを用いた場合の推定値を以下に与える．

$$G_1 \Rightarrow n_1 = 20, \ \hat{\boldsymbol{\mu}}_1 = \overline{\mathbf{x}}^{(1)} = \begin{pmatrix} 12.740 \\ 8.635 \end{pmatrix}, \ \hat{\Sigma}_1 = \begin{pmatrix} 2.7951579 & -0.5225263 \\ -0.5225263 & 4.4287105 \end{pmatrix}$$

$$G_2 \Rightarrow n_2 = 20, \ \hat{\boldsymbol{\mu}}_2 = \overline{\mathbf{x}}^{(2)} = \begin{pmatrix} 5.51 \\ 4.19 \end{pmatrix}, \ \hat{\Sigma}_2 = \begin{pmatrix} 3.5241053 & -0.4556842 \\ -0.4556842 & 3.37767368 \end{pmatrix}$$

$$\hat{\Sigma} = \begin{pmatrix} 3.1596316 & -0.4891053 \\ -0.4891053 & 4.1027237 \end{pmatrix}, \ \hat{\Sigma}^{-1} = \begin{pmatrix} 0.32244303 & 0.03843997 \\ 0.03843997 & 0.24832313 \end{pmatrix}$$

これより，線形判別関数 $L(\mathbf{x})$ の係数は，

$$\hat{\boldsymbol{\beta}} = \hat{\Sigma}^{-1}(\hat{\boldsymbol{\mu}}_1 - \hat{\boldsymbol{\mu}}_2) = \begin{pmatrix} 0.32244303 & 0.03843997 \\ 0.03843997 & 0.24832313 \end{pmatrix} \begin{pmatrix} 7.230 \\ 4.445 \end{pmatrix} = \begin{pmatrix} 2.502129 \\ 1.381717 \end{pmatrix}$$

$$\hat{c} = -\frac{1}{2}\left(\overline{\mathbf{x}}^{(1)} - \overline{\mathbf{x}}^{(2)}\right)^T \hat{\Sigma}^{-1}\left(\overline{\mathbf{x}}^{(1)} + \overline{\mathbf{x}}^{(2)}\right)$$

$$= -\frac{1}{2}\begin{pmatrix} 7.230 \\ 4.445 \end{pmatrix}^T \begin{pmatrix} 0.32244303 & 0.03843997 \\ 0.03843997 & 0.24832313 \end{pmatrix} \begin{pmatrix} 18.250 \\ 12.825 \end{pmatrix} = -31.69219$$

となり，線形判別関数 $L(\mathbf{x})$ は，

$$L(\mathbf{x}) = 2.502129 x_1 + 1.381717 x_2 - 31.69219$$

で与えられ，**図 5.3** に線形判別関数 $L(\mathbf{x})$ を示す．

図 5.3 から新しいデータ $\mathbf{x} = (5.5, 12.5)^T$ は群 G_2 に属すると判定される．実際に，線形判別関数 $L(\mathbf{x})$ の中に数値を代入すると，

$$L\bigl((5.5, 12.5)\bigr) = 2.502129 \times 5.5 + 1.381717 \times 12.5 - 31.69219$$
$$= -0.6590128$$

となり，$L(\mathbf{x})$ が負の符号をもつので，$\mathbf{x} = (5.5, 12.5)^T$ は群 G_2 に属すると判定される．

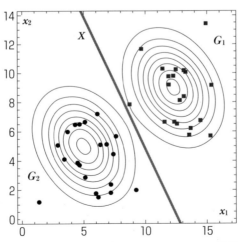

図 5.3 表 5.1 のデータに関するフィッシャーの線形判別関数
$L(\mathbf{x}) = 2.502129 x_1 + 1.381717 x_2 - 31.69219 = 0$

表 5.2 フィッシャーの線形判別関数の予測精度

学習精度

実測	予測		
	不良品	良品	合計
不良品	293	13	306
良品	8	336	344
誤判別率 = (13 + 8)/650 = 0.0323			

予測精度

実測	予測		
	不良品	良品	合計
不良品	80	34	114
良品	32	104	136
誤判別率 = (34 + 32)/250 = 0.264			

4）線形判別関数の事例への適用

まず，調査データから取り出した学習データを用いて，線形判別関数の推定式を求める．推定式の学習程度を見るために学習データのスペクトルデータを用いて良・不良の判定の予測を行い，誤判別率を求める．これを学習精度と呼ぶ．次に，推定式を検証用のスペクトルデータに適用し，アルミ缶の良・不良の判定を予測して誤判別率（予測精度）を求めた結果を**表 5.2**に示す．

表 5.2 の結果を見ると，学習精度は誤判別率が 3.2% と低いので，推定式はかなりの判別力をもつが，予測精度は誤判別率が 26.4% で，4 回に 1 回は間違うという程度である．

(2) MT システム

1）平均からの距離

図 5.2 中の点 $\mathbf{x} = (5.5, 12.5)^T$ について，群 G_1 と G_2 のそれぞれの平均 $\boldsymbol{\mu}_1$ と $\boldsymbol{\mu}_2$ からの距離を矢印で示したものを，**図 5.4**に示す．

点 $\mathbf{x} = (x_1, x_2)^T$ が群 G_1 と G_2 のどちらに属するかを平均 $\boldsymbol{\mu}_1$ と $\boldsymbol{\mu}_2$ からの距離を用いて判定する．距離としては，通常のユークリッド距離，

$$d(\mathbf{x}, \boldsymbol{\mu}_1) = \sqrt{(x_1 - \mu_1^{(1)})^2 + (x_2 - \mu_2^{(1)})^2} = \sqrt{(\mathbf{x} - \boldsymbol{\mu}_1)^T (\mathbf{x} - \boldsymbol{\mu}_1)}$$

$$d(\mathbf{x}, \boldsymbol{\mu}_2) = \sqrt{(x_1 - \mu_1^{(2)})^2 + (x_2 - \mu_2^{(2)})^2} = \sqrt{(\mathbf{x} - \boldsymbol{\mu}_2)^T (\mathbf{x} - \boldsymbol{\mu}_2)}$$

$$d(\mathbf{x}, \boldsymbol{\mu}_2) - d(\mathbf{x}, \boldsymbol{\mu}_1) \begin{cases} \geqq 0 \Rightarrow \mathbf{x} \in G_1 \\ < 0 \Rightarrow \mathbf{x} \in G_2 \end{cases}$$

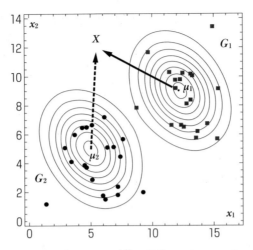

図 5.4　点 $\mathbf{x} = (5.5, 12.5)^T$ と平均 $\boldsymbol{\mu}_1$ と $\boldsymbol{\mu}_2$ からの距離

を用いた判別法が考えられる．

　一方，図 5.4 の中の群 G_1 と G_2 の 2 次元正規分布による等高線図からもわかるように，データのばらつきの情報(群 G_1 と G_2 の分散共分散行列 Σ_1 と Σ_2)を用いた距離が考えられる．

2) マハラノビス平方距離

　一般に，群 G のデータ $\mathbf{x} = (x_1, x_2, \cdots, x_p)^T$ が p 次元正規分布 $N_p(\boldsymbol{\mu}, \Sigma)$ に従うとき，その確率密度関数は，

$$f(\mathbf{x} \mid \boldsymbol{\mu}, \Sigma) = \frac{1}{(2\pi)^{p/2} |\Sigma|^{1/2}} \exp\left\{-\frac{1}{2}(\mathbf{x}-\boldsymbol{\mu})^T \Sigma^{-1}(\mathbf{x}-\boldsymbol{\mu})\right\}$$

で与えられる．このときの確率密度関数の等高線は，

　　　$f(\mathbf{x} \mid \boldsymbol{\mu}, \Sigma) = 定数(>0)$

で定義され，中心が $\boldsymbol{\mu}$ の楕円体の形状をしている．これを書き直せば，

　　　$(\mathbf{x}-\boldsymbol{\mu})^T \Sigma^{-1} (\mathbf{x}-\boldsymbol{\mu}) = 定数(>0)$

となり，分散共分散行列 Σ の逆行列 Σ^{-1} を用いた $\mathbf{x}-\boldsymbol{\mu}$ の 2 次形式で等高線が与えられることがわかる．この 2 次形式を $\mathbf{x}$ と平均 $\boldsymbol{\mu}$ との平方距離と見なしたものがマハラノビスの平方距離，

$$D^2 = (\mathbf{x} - \boldsymbol{\mu})^T \Sigma^{-1}(\mathbf{x} - \boldsymbol{\mu})$$

である．マハラノビスの平方距離の平方根 D は，マハラノビス距離と呼ばれている．

マハラノビス距離を用いた判別法は，

$$D(\mathbf{x}, \boldsymbol{\mu}_1, \Sigma_1) = \sqrt{(\mathbf{x} - \boldsymbol{\mu}_1)^T \Sigma_1^{-1}(\mathbf{x} - \boldsymbol{\mu}_1)}$$

$$D(\mathbf{x}, \boldsymbol{\mu}_2, \Sigma_2) = \sqrt{(\mathbf{x} - \boldsymbol{\mu}_2)^T \Sigma_2^{-1}(\mathbf{x} - \boldsymbol{\mu}_2)}$$

$$D(\mathbf{x}, \boldsymbol{\mu}_2, \Sigma_2) - D(\mathbf{x}, \boldsymbol{\mu}_1, \Sigma_1) \begin{cases} \geq 0 \Rightarrow \mathbf{x} \in G_1 \\ < 0 \Rightarrow \mathbf{x} \in G_2 \end{cases}$$

で与えられる．解析には，マハラノビス平方距離を用いた方が便利なので，同値な判別法，

$$Q(\mathbf{x}) = D(\mathbf{x}, \boldsymbol{\mu}_2, \Sigma_2)^2 - D(\mathbf{x}, \boldsymbol{\mu}_1, \Sigma_1)^2 \begin{cases} \geq 0 \Rightarrow \mathbf{x} \in G_1 \\ < 0 \Rightarrow \mathbf{x} \in G_2 \end{cases}$$

が通常利用される．$Q(\mathbf{x})$ は $x_1, x_2, \cdots, x_p$ の2乗の項 x_i^2 や積の項 $x_i x_j$ $(i \neq j)$ を含む2次式で与えられるので，2次判別関数と呼ばれている．2次元データの場合，$Q(\mathbf{x})$ を計算すれば，

$$\begin{aligned} Q(\mathbf{x}) &= D(\mathbf{x}, \boldsymbol{\mu}_2, \Sigma_1)^2 - D(\mathbf{x}, \boldsymbol{\mu}_1, \Sigma_2)^2 \\ &= (\mathbf{x} - \boldsymbol{\mu}_2)^T \Sigma_2^{-1}(\mathbf{x} - \boldsymbol{\mu}_2) - (\mathbf{x} - \boldsymbol{\mu}_1)^T \Sigma_1^{-1}(\mathbf{x} - \boldsymbol{\mu}_1) \\ &= a(x_1)^2 + b(x_1 x_2) + c(x_2)^2 + d x_1 + e x_2 + f \end{aligned} \begin{cases} \geq 0 \Rightarrow \mathbf{x} \in G_1 \\ < 0 \Rightarrow \mathbf{x} \in G_2 \end{cases}$$

という形の2次式になる．

ここで，群 G_1 と G_2 の分散共分散行列 Σ_1 と Σ_2 が等しい（$\Sigma_1 = \Sigma_2 = \Sigma$）と仮定する．$Q(\mathbf{x})$ を計算すると，

$$\begin{aligned} Q(\mathbf{x}) &= D(\mathbf{x}, \boldsymbol{\mu}_2, \Sigma)^2 - D(\mathbf{x}, \boldsymbol{\mu}_1, \Sigma)^2 \\ &= (\mathbf{x} - \boldsymbol{\mu}_2)^T \Sigma^{-1}(\mathbf{x} - \boldsymbol{\mu}_2) - (\mathbf{x} - \boldsymbol{\mu}_1)^T \Sigma^{-1}(\mathbf{x} - \boldsymbol{\mu}_1) \\ &= (\boldsymbol{\mu}_1 - \boldsymbol{\mu}_2)^T \Sigma^{-1} \mathbf{x} - \frac{1}{2}(\boldsymbol{\mu}_1 - \boldsymbol{\mu}_2)^T \Sigma^{-1}(\boldsymbol{\mu}_1 + \boldsymbol{\mu}_2) \end{aligned} \begin{cases} \geq 0 \Rightarrow \mathbf{x} \in G_1 \\ < 0 \Rightarrow \mathbf{x} \in G_2 \end{cases}$$

となり，$Q(\mathbf{x})$ はフィッシャーの線形判別関数，

$$L(\mathbf{x}) = (\boldsymbol{\mu}_1 - \boldsymbol{\mu}_2)^T \Sigma^{-1} \mathbf{x} - \frac{1}{2}(\boldsymbol{\mu}_1 - \boldsymbol{\mu}_2)^T \Sigma^{-1}(\boldsymbol{\mu}_1 + \boldsymbol{\mu}_2)$$

と一致する．

3）距離に関する数値例

表 5.1 の群 G_1 と G_2 の推定値 $\hat{\boldsymbol{\mu}}_1, \hat{\Sigma}_1, \hat{\boldsymbol{\mu}}_2, \hat{\Sigma}_2$ を用いて，$\mathbf{x} = (5.5, 12.5)^T$ の判別を行う．ユークリッド距離を用いると，

$$d(\mathbf{x}, \hat{\boldsymbol{\mu}}_1) = \sqrt{(\mathbf{x} - \hat{\boldsymbol{\mu}}_1)^T(\mathbf{x} - \hat{\boldsymbol{\mu}}_1)} = \sqrt{\begin{pmatrix} -7.240 \\ 3.865 \end{pmatrix}^T \begin{pmatrix} -7.240 \\ 3.865 \end{pmatrix}} = 8.207059$$

$$d(\mathbf{x}, \hat{\boldsymbol{\mu}}_2) = \sqrt{(\mathbf{x} - \hat{\boldsymbol{\mu}}_2)^T(\mathbf{x} - \hat{\boldsymbol{\mu}}_2)} = \sqrt{\begin{pmatrix} -0.01 \\ 8.31 \end{pmatrix}^T \begin{pmatrix} -0.01 \\ 8.31 \end{pmatrix}} = 8.310006$$

$$d(\mathbf{x}, \hat{\boldsymbol{\mu}}_2) - d(\mathbf{x}, \hat{\boldsymbol{\mu}}_1) = 0.1029466 (\geqq 0) \Rightarrow \mathbf{x} \in G_1$$

となり，$\mathbf{x} = (5.5, 12.5)^T$ は群 G_1 に属する．マハラノビス平方距離を用いると，

$$D(\mathbf{x}, \hat{\boldsymbol{\mu}}_1, \hat{\Sigma}_1)^2 = (\mathbf{x} - \hat{\boldsymbol{\mu}}_1)^T \hat{\Sigma}_1^{-1}(\mathbf{x} - \hat{\boldsymbol{\mu}}_1)$$

$$= \begin{pmatrix} -7.240 \\ 3.865 \end{pmatrix}^T \begin{pmatrix} 0.36583041 & 0.04316291 \\ 0.04316291 & 0.23089198 \end{pmatrix} \begin{pmatrix} -7.240 \\ 3.865 \end{pmatrix} = 20.20945$$

$$D(\mathbf{x}, \hat{\boldsymbol{\mu}}_2, \hat{\Sigma}_2)^2 = (\mathbf{x} - \hat{\boldsymbol{\mu}}_2)^T \hat{\Sigma}_2^{-1}(\mathbf{x} - \hat{\boldsymbol{\mu}}_2)$$

$$= \begin{pmatrix} -0.01 \\ 8.31 \end{pmatrix}^T \begin{pmatrix} 0.28825717 & 0.03477982 \\ 0.03477982 & 0.26897522 \end{pmatrix} \begin{pmatrix} -0.01 \\ 8.31 \end{pmatrix} = 18.56863$$

$$Q(\mathbf{x}) = D(\mathbf{x}, \hat{\boldsymbol{\mu}}_2, \hat{\Sigma}_2)^2 - D(\mathbf{x}, \hat{\boldsymbol{\mu}}_1, \hat{\Sigma}_1)^2 = -1.64082 (<0) \Rightarrow \mathbf{x} \in G_2$$

となり，$\mathbf{x} = (5.5, 12.5)^T$ は群 G_2 に属する．

4）MT システムの考え方

さて，MT システムとは基本的には 2 群の判別を行うものであるが，今までの考え方と根本的に違うのは，興味ある群（例えば，良品群）と残りの群の取扱い方である．今までは 2 群の取扱いは相対的で，どちらが主であるということはなかったが，MT システムでは興味ある群を中心に考えて，興味ある群のマハラノビス平方距離のみを用いる．

すなわち，まず興味ある群 G のデータ $\mathbf{x} = (x_1, x_2, \cdots, x_p)^T$ が p 次元正規分布 $N_p(\mathbf{\mu}, \Sigma)$ に従うと仮定する．群 G のデータ $\mathbf{x}_i = (x_{i1}, x_{i2}, \cdots, x_{ip})^T$ $(i = 1, 2, \cdots, n)$ が与えられているとき，新しく得られたデータ $x = (x_1, x_2, \cdots, x_p)^T$ が群 G に属するかどうかの判定を次のような手順で行う．

手順 1：

p 次元正規分布 $N_p(\mathbf{\mu}, \Sigma)$ の $\mathbf{\mu}$ と Σ の推定値，

$$\hat{\mathbf{\mu}} = \bar{\mathbf{x}} = \frac{1}{n}\sum_{i=1}^{n}\mathbf{x}_i, \quad \hat{\Sigma} = \frac{1}{n-1}\sum_{i=1}^{n}(\mathbf{x}_i - \bar{\mathbf{x}})(\mathbf{x}_i - \bar{\mathbf{x}})^T$$

を求める．

手順 2：

群 G のデータのマハラノビスの平方距離，

$$D_i^2 = (\mathbf{x}_i - \bar{\mathbf{x}})^T \hat{\Sigma}^{-1}(\mathbf{x}_i - \bar{\mathbf{x}}) \quad (i = 1, 2, \cdots, n)$$

を計算して，D_i^2 の最大値 $\max_i D_i^2$ を求める．

手順 3：

新しいデータ $\mathbf{x} = (x_1, x_2, \cdots, x_p)^T$ が群 G に属するかどうかの判定は，

$$\max_i D_i^2 - (\mathbf{x} - \bar{\mathbf{x}})^T \hat{\Sigma}^{-1}(\mathbf{x} - \bar{\mathbf{x}}) \begin{cases} \geq 0 \Rightarrow \mathbf{x} \in G \\ < 0 \Rightarrow \mathbf{x} \notin G \end{cases}$$

に従って行う．言い換えれば，群 G のデータに関して，マハラノビス平方距離の最大値を超える点 $\mathbf{x}$ は群 G に属さないと判定する．

5) MTシステムの数値例

MT システムを表 5.1 のデータを用いて説明する．まず良品群 G_1（■印）を群 G と見なす．群 G は 2 次元正規分布に従っていると仮定する．その等高線を図 5.5 に示している．群 G の平均 $\mathbf{\mu}$ から一番遠方にある点 $\tilde{\mathbf{x}} = (14.9, 13.4)^T$ までの距離を破線のベクトルで示している．また，点 $\mathbf{x} = (5.5, 12.5)^T$ と平均 $\mathbf{\mu}$ との距離を実線のベクトルで示している．図 5.5 で，MT システムの判定基準を用いると，点 $\mathbf{x} = (5.5, 12.5)^T$ が群 G に属さないことは明らかである．実際，平均 $\mathbf{\mu}$ の推定値 $\hat{\mathbf{\mu}}$ を用いると，点 $\tilde{\mathbf{x}} = (14.9, 13.4)^T$ と $\hat{\mathbf{\mu}}$ のマハラノビス平方距離は，

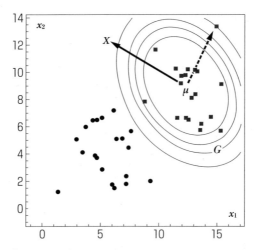

図 5.5　表 5.1 のデータについての MT システムによる分析

$$\max_i D_i^2 = (\tilde{\mathbf{x}} - \hat{\boldsymbol{\mu}})^T \hat{\Sigma}^{-1} (\tilde{\mathbf{x}} - \hat{\boldsymbol{\mu}})$$

$$= \begin{pmatrix} 2.160 \\ 4.765 \end{pmatrix}^T \begin{pmatrix} 0.36583041 & 0.04316291 \\ 0.04316291 & 0.23089198 \end{pmatrix} \begin{pmatrix} 2.160 \\ 4.765 \end{pmatrix} = 7.837773$$

であるから，点 $\mathbf{x} = (5.5, 12.5)^T$ について群 G に属するかどうかの判定は，

$$\max_i D_i^2 - (\mathbf{x} - \bar{\mathbf{x}})^T \hat{\Sigma}^{-1} (\mathbf{x} - \bar{\mathbf{x}}) = 7.837773 - 20.20945$$

$$= -12.37168 (<0) \Rightarrow \mathbf{x} \notin G$$

となる．図 5.5 を見ると，表 5.1 の不良品群 G_2（●印）も群 G に属さないことは明らかである．

MT システムの詳細については，立林・長谷川・手島(2008)を参照．

6) MT システムの事例への適用

調査データから取り出した学習データを用いて MT システムを構成する．学習データの中に良品と不良品の群があるので，良品の群を G_1，不良品の群を G_2 とする．良品の群 G_1 を用いて，$\boldsymbol{\mu}_1$ と Σ_1 の推定値 $\hat{\boldsymbol{\mu}}_1 = \bar{\mathbf{x}}^{(1)}$ と $\hat{\Sigma}_1$ を求め，マハラノビス平方距離，

$$\left\{ D_i^{(1)} \right\}^2 = \left(\mathbf{x}_i^{(1)} - \bar{\mathbf{x}}^{(1)} \right)^T \hat{\Sigma}_1^{-1} \left(\mathbf{x}_i^{(1)} - \bar{\mathbf{x}}^{(1)} \right) \quad (i = 1, 2, \cdots, n_1)$$

を計算する．不良品の群 G_2 のデータ $\mathbf{x}_i^{(2)} (i = 1, \cdots, n_2)$ に対しても，マハ

5.3 分類のための各種データマイニング手法

ラノビス平方距離,

$$\left\{D_i^{(2)}\right\}^2 = \left(\mathbf{x}_i^{(2)} - \overline{\mathbf{x}}^{(1)}\right)^T \hat{\Sigma}_1^{-1} \left(\mathbf{x}_i^{(2)} - \overline{\mathbf{x}}^{(1)}\right) \quad (i = 1, \cdots, n_2)$$

を求める. $\left\{D_i^{(1)}\right\}^2 (i=1, 2, \cdots, n_1)$ と $\left\{D_i^{(2)}\right\}^2 (i=1, \cdots, n_2)$ のボックス・プロットを**図 5.6**に与える. 図 5.6 を見ると,MT システムが完璧に学習データの群 G_1 と G_2 を分離することがわかる.

検証データ $\mathbf{x} = (x_1, x_2, \cdots, x_p)^T$ で予測するにあたって,学習データの不良品群 G_2 の分析から,群 G_2 のマハラノビス平方距離 $\left\{D_i^{(2)}\right\}^2 (i=1, \cdots, n_2)$ の最小値 $\min_i \left\{D_i^{(2)}\right\}^2$ より小さいマハラノビス平方距離 $(\mathbf{x} - \overline{\mathbf{x}}^{(1)})^T \hat{\Sigma}_1^{-1} (\mathbf{x} - \overline{\mathbf{x}}^{(1)})$ のものは,学習データの良品群 G_1 に属するとする. すなわち,

$$\min_i \left\{D_i^{(2)}\right\}^2 - (\mathbf{x} - \overline{\mathbf{x}}^{(1)})^T \hat{\Sigma}_1^{-1} (\mathbf{x} - \overline{\mathbf{x}}^{(1)}) \begin{cases} > 0 \Rightarrow \mathbf{x} \in G_1 \\ \leq 0 \Rightarrow \mathbf{x} \notin G_1 \end{cases}$$

を判別方式として採用する. **表 5.3** に判別結果をまとめる.

表 5.3 の結果から,MT システムは学習データに対する判別効率は良好である. 予測精度については,良品を不良と判定してしまう点に問題はあるが,不良品を確実に判別する点で表 5.2 の線形判別よりも安全といえる.

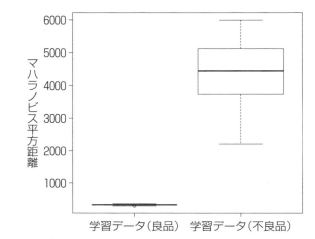

図 5.6 マハラノビス平方距離のボックス・プロット

表 5.3 MT システムの予測精度

学習精度

実測	予測		合計
	不良品	良品	
不良品	306	0	306
良品	0	344	344
誤判別率 = 0/650=0			

予測精度

実測	予測		合計
	不良品	良品	
不良品	113	1	114
良品	132	4	136
誤判別率 = (1+132)/250=0.532			

(3) ロジスティック判別

1) 事後確率を用いた判別

先に説明した線形判別，MT システムでは，まず，データの出現頻度を多次元正規分布でモデル化した．続いて，多次元正規分布の密度関数を用いて空間を分割し，新しいデータ $\mathbf{x}$ が得られたとき，そのデータ $\mathbf{x}$ が分割されたどの領域に属するかに従って判別を行った．ここでは，新しいデータ $\mathbf{x}$ が得られたとき，$\mathbf{x}$ の群 G_1 に属する確率（事後確率という） $\Pr(G_1|\mathbf{x})$ と G_2 群に属する確率（事後確率） $\Pr(G_2|\mathbf{x})$ を用いて，

$$\frac{\Pr(G_1|\mathbf{x})}{\Pr(G_2|\mathbf{x})} \begin{cases} \geq 1 \Rightarrow \mathbf{x} \in G_1 \\ < 1 \Rightarrow \mathbf{x} \in G_2 \end{cases} \quad (\text{ただし } \Pr(G_1|\mathbf{x}) + \Pr(G_2|\mathbf{x}) = 1)$$

という判定基準で判別を行う方法を紹介する．すなわち，属する確率の大きい方の群に $\mathbf{x}$ を割り当てる．このときに用いられる確率の比はオッズ (odds) と呼ばれている．

オッズを定義する確率概念の説明のために，表 5.1 の群 G_1（良品）と G_2（不良品）に関する特性 x_2 のデータを取り上げる．良品を $y=1$，不良品を $y=0$ で表して，特性 x_2 に関する散布図 (x_2, y) を**図 5.7** に示す．

特性 x_2 が与えられたとき，特性 x_2 の良品群 G_1 に属する確率 $\Pr(G_1|x_2)$ を推定することを考える．まず，特性 x_2 に関するデータを大きさの順に並べ，小さい方から 8 個ずつの 5 群に分ける．次に，各群について特性 x_2 の平均値を求め，良品の個数を 8 で割った結果（$\Pr(G_1|x_2)$ の推定値）を表 5.4 に与える．表 5.4 の推定値 $\widehat{\Pr}(G_1|x_2)$ は，図 5.7 の中に◆印で示している．明らかに特性 x_2 が大きくなるにつれて $\widehat{\Pr}(G_1|x_2)$ は増加している．

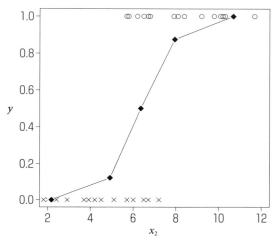

図 5.7 表 5.1 の特性 x_2 に関する散布図 (x_2, y)：$y=1$（良品○），$y=0$（不良品×）および確率 $\Pr(G_1|x_2)$ の推定値（◆）

表 5.4 確率 $\Pr(G_1|x_2)$ の推定

群番号	特性 x_2	良品の個数	$\widehat{\Pr}(G_1|x_2)$	オッズ $\dfrac{\widehat{\Pr}(G_1|x_2)}{\widehat{\Pr}(G_2|x_2)}$
1	2.1625	0	0.000	0
2	4.9125	1	0.125	0.1428571
3	6.3625	4	0.500	1
4	7.9375	7	0.875	7
5	10.6875	8	1.000	∞

表 5.4 ではオッズの推定値も示している．特性 x_2 の関数としての $\Pr(G_1|x_2)$ が推定できれば，特性 x_2 の各データのオッズを求めることにより，群 G_1 または G_2 のいずれに属するか判別が可能になる．以下では，一般的な場合の推定法について紹介する．

2）ロジスティック判別の考え方

さて，与えられた p 次元データ $\mathbf{x} = (x_1, x_2, \cdots, x_p)^T$ に対して，そのデータ $\mathbf{x}$ が群 G_1 または G_2 のいずれに属するかの判定が行われるとする．判定を示す y 変数，

$$y = \begin{cases} 1 \Leftrightarrow \mathbf{x} \in G_1 \\ 0 \Leftrightarrow \mathbf{x} \in G_2 \end{cases}$$

を用いて，$\mathbf{x}$ が群 G_1 に属する確率 $\Pr(G_1|\mathbf{x})$ と群 G_2 に属する確率 $\Pr(G_2|\mathbf{x})$ を書き換える．すなわち，

$$\Pr(y=1|\mathbf{x}) = \Pr(G_1|\mathbf{x}) : \text{データ } \mathbf{x} \text{ が群 } G_1 \text{ に属する確率}$$
$$\Pr(y=0|\mathbf{x}) = \Pr(G_2|\mathbf{x}) : \text{データ } \mathbf{x} \text{ が群 } G_2 \text{ に属する確率}$$
$$(\text{ただし，} \Pr(y=1|\mathbf{x}) + \Pr(y=0|\mathbf{x}) = 1)$$

とする．さらに，

$$\Pr(y=1|\mathbf{x}) = \pi(\mathbf{x}), \Pr(y=0|\mathbf{x}) = 1 - \pi(\mathbf{x})$$

と置く．

$\pi(\mathbf{x})$ がわかれば，データ $\mathbf{x} = (x_1, x_2, \cdots, x_p)^T$ が与えられたときの群 G_1 または G_2 のいずれに属するかの判定は，オッズを用いて，

$$\frac{\Pr(y=1|\mathbf{x})}{\Pr(y=0|\mathbf{x})} = \frac{\pi(\mathbf{x})}{1-\pi(\mathbf{x})} \begin{cases} \geq 1 \Rightarrow \mathbf{x} \in G_1 \\ < 1 \Rightarrow \mathbf{x} \in G_2 \end{cases}$$

で行える．ここで，次の仮定，

$$\log\left\{\frac{\pi(\mathbf{x})}{1-\pi(\mathbf{x})}\right\} = c + \beta_1 x_1 + \beta_2 x_2 + \cdots + \beta_p x_p$$

を置くと，$\pi(\mathbf{x})$ は

$$\pi(\mathbf{x}) = \frac{\exp(c + \beta_1 x_1 + \beta_2 x_2 + \cdots + \beta_p x_p)}{1 + \exp(c + \beta_1 x_1 + \beta_2 x_2 + \cdots + \beta_p x_p)}$$
$$= \frac{\exp(c + \boldsymbol{\beta}^T \mathbf{x})}{1 + \exp(c + \boldsymbol{\beta}^T \mathbf{x})}$$

と表せる．この関数形をもつ $\pi(\mathbf{x})$ をロジスティック・モデルと呼ぶ．

ロジスティック・モデルを利用すれば，データ $\mathbf{x} = (x_1, x_2, \cdots, x_p)^T$ が与えられたとき，$\mathbf{x}$ が群 G_1 または G_2 のいずれに属するかの判定は，

$$\log\left\{\frac{\Pr(y=1|\mathbf{x})}{\Pr(y=0|\mathbf{x})}\right\} = \log\left\{\frac{\pi(\mathbf{x})}{1-\pi(\mathbf{x})}\right\}$$
$$= c + \beta_1 x_1 + \beta_2 x_2 + \cdots + \beta_p x_p \begin{cases} \geq 0 \Rightarrow \mathbf{x} \in G_1 \\ < 0 \Rightarrow \mathbf{x} \in G_2 \end{cases}$$

で行える.この左辺にあるオッズの対数をとった量は,対数オッズと呼ばれる.

$\pi(\mathbf{x})$ の $\boldsymbol{\beta}$ と c の推定は以下のように行う.母数の推定用のための群 G_1 と G_2 の合併データ $\left\{\mathbf{x}_i = (x_{i1}, x_{i2}, \cdots, x_{ip})^T, y_i\right\}(i=1, 2, \cdots, n)$ が与えられたとき,データの独立性を仮定すると, $y_i(i=1, \cdots, n)$ の同時確率密度は,

$$L(\boldsymbol{\beta}, c) = \prod_{i=1}^{n} \pi(\mathbf{x}_i)^{y_i} \left(1 - \pi(\mathbf{x}_i)\right)^{1-y_i}$$

となるので, $L(\boldsymbol{\beta}, c)$ を $\boldsymbol{\beta}$ と c について最大化する.そこで, $L(\boldsymbol{\beta}, c)$ の対数を求め,

$$\log L(\boldsymbol{\beta}, c) = \sum_{i=1}^{n} \left[y_i \log \pi(\mathbf{x}_i) + (1-y_i) \log \left\{1 - \pi(\mathbf{x}_i)\right\} \right]$$

$$= \sum_{i=1}^{n} \left[y_i (c + \boldsymbol{\beta}^T \mathbf{x}_i) - \log \left\{1 + \exp(c + \boldsymbol{\beta}^T \mathbf{x}_i)\right\} \right]$$

を $\boldsymbol{\beta}$ と c について最大化する. $\log L(\boldsymbol{\beta}, c)$ の最大値を与える $\boldsymbol{\beta}$ と c を, $\hat{\boldsymbol{\beta}}$ および $\hat{c}$ とする.

新しくデータ $\mathbf{x} = (x_1, x_2, \cdots, x_p)^T$ が与えられたとき, $\mathbf{x}$ が群 G_1 に属するか,群 G_2 に属するかの判定は,推定した $\hat{\boldsymbol{\beta}}$ と $\hat{c}$ を用いて,

$$\log \left\{\frac{\hat{\pi}(\mathbf{x})}{1 - \hat{\pi}(\mathbf{x})}\right\} = \hat{c} + \hat{\boldsymbol{\beta}}^T \mathbf{x} = \hat{c} + \hat{\beta}_1 x_1 + \hat{\beta}_2 x_2 + \cdots + \hat{\beta}_p x_p \begin{cases} \geq 0 \Rightarrow \mathbf{x} \in G_1 \\ < 0 \Rightarrow \mathbf{x} \in G_2 \end{cases}$$

または,確率 $\pi(\mathbf{x})$ の推定値を用いて,

$$\hat{\pi}(\mathbf{x}) = \frac{\exp(\hat{c} + \hat{\boldsymbol{\beta}}^T \mathbf{x})}{1 + \exp(\hat{c} + \hat{\boldsymbol{\beta}}^T \mathbf{x})}$$

$$= \frac{\exp(\hat{c} + \hat{\beta}_1 x_1 + \hat{\beta}_2 x_2 + \cdots + \hat{\beta}_p x_p)}{1 + \exp(\hat{c} + \hat{\beta}_1 x_1 + \hat{\beta}_2 x_2 + \cdots + \hat{\beta}_p x_p)} \begin{cases} \geq \dfrac{1}{2} \Rightarrow \mathbf{x} \in G_1 \\ < \dfrac{1}{2} \Rightarrow \mathbf{x} \in G_2 \end{cases}$$

という判別方式で行う.この判別法をロジスティック判別と呼ぶ.

3）数値例

表5.1の2群 G_1 と G_2 のデータを用いて，ロジスティック判別関数，

$$L(\mathbf{x}) = \log\left\{\frac{\pi(\mathbf{x})}{1-\pi(\mathbf{x})}\right\} = c + \beta_1 x_1 + \beta_2 x_2$$

を求めると，

$$L(\mathbf{x}) = 13.99 x_1 + 14.14 x_2 - 211.24$$

となり，図5.8に太い実線で $L(\mathbf{x}) = 13.99x_1 + 14.14x_2 - 211.24 = 0$ の場合（すなわち，$\hat{\pi}(\mathbf{x}) = 0.5$ の場合）を示している．実線の上下には点線で，$\hat{\pi}(\mathbf{x}) = 0.99999$ と $\hat{\pi}(\mathbf{x}) = 0.00001$ の場合を示している．点 $\mathbf{x} = (x_1, x_2)^T$ が群 G_1 に近づけば $\hat{\pi}(\mathbf{x})$ は1に近づき，群 G_2 に近づけば $\hat{\pi}(\mathbf{x})$ は0に近づく様子がわかる．新しい観測データ $\mathbf{x} = (5.5, 12.5)^T$ は，ロジスティック判別関数を用いれば，図5.8から明らかに群 G_1 に属すると判定されるが，実際に計算すると，

$$L((5.5, 12.5)) = 13.99 \times 5.5 + 14.14 \times 12.5 - 211.24 = 42.455 (>0) \Rightarrow \mathbf{x} \in G_1$$

$$\hat{\pi}((5.5, 12.5)) = \frac{\exp(42.455)}{1+\exp(42.455)} \approx 1 \left(\geq \frac{1}{2}\right) \Rightarrow \mathbf{x} \in G_1$$

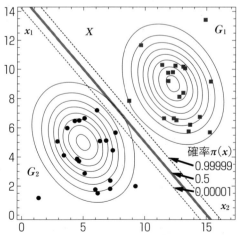

図5.8 表5.1のデータに対するロジスティック判別関数
$L(\mathbf{x}) = 13.99x_1 + 14.14x_2 - 211.24 = 0$（実線は $\hat{\pi}(\mathbf{x}) = 0.5$ の場合）
点線は，それぞれ $\hat{\pi}(\mathbf{x}) = 0.99999$ と $\hat{\pi}(\mathbf{x}) = 0.00001$ の場合に対応．

表 5.5 ロジスティック判別の予測精度

学習精度

実測	予測		
	不良品	良品	合計
不良品	306	0	306
良品	0	344	344
誤判別率＝ 0/650＝0			

予測精度

実測	予測		
	不良品	良品	合計
不良品	83	31	114
良品	44	92	136
誤判別率＝(31＋44)/250＝0.30			

となり，同様の結果を得る．

4) ロジスティック判別の事例への適用

調査データから取り出した学習データを用いてロジスティック・モデルの β と c を推定する．得られた推定値 $\hat{\beta}$ と $\hat{c}$ を利用して，学習データの学習精度(誤判別率)と，検証データの予測精度(誤判別率)を調べた結果が表 5.5 である．

表 5.5 によると，ロジスティック判別の学習精度は良好である．予測精度については，表 5.2 の線形判別とあまり差がないように見える．

(4) ニューラルネット

1) ロジスティック・モデルの階層化

ここでは，前節のロジスティック判別を拡張して，階層化されたロジスティック・モデルを考える．

ロジスティック関数(または，ロジスティック変換)を，

$$\text{logistic}(a) = \frac{\exp(a)}{1+\exp(a)}$$

と表せば，前節のロジスティック・モデル $\pi(\mathbf{x})$ は，

$$\pi(\mathbf{x}) = \text{logistic}(a), \quad a = \beta_0 + \beta_1 x_1 + \beta_2 x_2 + \cdots + \beta_p x_p$$

となっている．特徴的なのは，任意の値をとる線形関数 $a = \beta_0 + \beta_1 x_1 + \beta_2 x_2 + \cdots + \beta_p x_p$ に対して 0 から 1 の間の値をとるように変換が行われていることである．

ここで，任意の線形関数，

$$b = \theta_0 + \theta_1 z_1 + \theta_2 z_2 + \cdots + \theta_M z_M$$

に対するロジスティック変換 logistic(b) を考え，ロジスティック変換の階層化を次のように定義する．

$$\pi(\mathbf{x}) = \text{logistic}(b), \quad b = \theta_0 + \theta_1 z_1 + \theta_2 z_2 + \cdots + \theta_M z_M$$

$$\begin{cases} z_1 = \text{logistic}(a_1), & a_1 = \beta_{10} + \beta_{11} x_1 + \beta_{12} x_2 + \cdots + \beta_{1p} x_p \\ z_2 = \text{logistic}(a_2), & a_2 = \beta_{20} + \beta_{21} x_1 + \beta_{22} x_2 + \cdots + \beta_{2p} x_p \\ \quad \vdots \\ z_M = \text{logistic}(a_M), & a_M = \beta_{M0} + \beta_{M1} x_1 + \beta_{M2} x_2 + \cdots + \beta_{Mp} x_p \end{cases}$$

ここでの未知母数は，$\{\theta_i\}, (i=0, 1, \cdots, M)$ および $\{\beta_{ij}\}, (i=0, 1, 2, \cdots, M; j=0, 1, 2, \cdots, p)$ である．

この階層化されたロジスティック・モデルは，階層的ニューラルネット・モデルの一例である．線形関数 $b = \theta_0 + \theta_1 z_1 + \theta_2 z_2 + \cdots + \theta_M z_M$ 中の集合 $\{z_i\} (i=1, 2, \cdots, M)$ は隠れ層(あるいは中間層)と呼ばれ，M は隠れ層のユニット数と呼ばれる．したがって，この階層的ニューラルネット・モデルは，入力データ $\mathbf{x} = (x_1, x_2, \cdots, x_p)^T$ に関する p 個のユニット $\{x_i\}$ $(i=1, 2, \cdots, p)$ からなる入力層，M 個のユニット $\{z_i\} (i=1, 2, \cdots, M)$ からなる1つの隠れ層，1つのユニット $\pi(\mathbf{x})$ をもつ出力層からできている．

未知母数 $\{\theta_i\}, \{\beta_{ij}\}$ の推定は，データ $\{\mathbf{x}_i = (x_{i1}, x_{i2}, \cdots, x_{ip})^T, y_i\}$ $(i=1, 2, \cdots, n)$ の同時確率密度，

$$L(\{\theta_i\}, \{\beta_{ij}\}) = \prod_{i=1}^{n} \pi(\mathbf{x}_i)^{y_i} (1 - \pi(\mathbf{x}_i))^{1-y_i}$$

の対数を用いて，

$$\log L(\{\theta_i\}, \{\beta_{ij}\}) = \sum_{i=1}^{n} \left[y_i \log \pi(\mathbf{x}_i) + (1-y_i) \log(1 - \pi(\mathbf{x}_i)) \right]$$

を未知母数 $\{\theta_i\}, \{\beta_{ij}\}$ に関して最大化し，推定値 $\{\hat{\theta}_i\}, \{\hat{\beta}_{ij}\}$ を得る．

新しい入力データ $\mathbf{x} = (x_1, x_2, \cdots, x_p)^T$ が与えられたとき，良品$(y=1)$が現れるか，不良品$(y=0)$が現れるかの判定は，推定した $\{\hat{\theta}_i\}$ と $\{\hat{\beta}_{ij}\}$ を用いて，

$$\hat{\pi}(\mathbf{x}) = \text{logistic}(\hat{b}), \quad \hat{b} = \hat{\theta}_0 + \hat{\theta}_1 \hat{z}_1 + \hat{\theta}_2 \hat{z}_2 + \cdots + \hat{\theta}_M \hat{z}_M$$

5.3 分類のための各種データマイニング手法

$$\begin{cases} \hat{z}_1 = \text{logistic}(\hat{a}_1), & \hat{a}_1 = \hat{\beta}_{10} + \hat{\beta}_{11}x_1 + \hat{\beta}_{12}x_2 + \cdots + \hat{\beta}_{1p}x_p \\ \hat{z}_2 = \text{logistic}(\hat{a}_2), & \hat{a}_2 = \hat{\beta}_{20} + \hat{\beta}_{21}x_1 + \hat{\beta}_{22}x_2 + \cdots + \hat{\beta}_{2p}x_p \\ \quad\vdots \\ \hat{z}_M = \text{logistic}(\hat{a}_M), & \hat{a}_M = \hat{\beta}_{M0} + \hat{\beta}_{M1}x_1 + \hat{\beta}_{M2}x_2 + \cdots + \hat{\beta}_{Mp}x_p \end{cases}$$

$$\hat{\pi}(\mathbf{x}) = \text{logistic}(\hat{b}) \begin{cases} \geq \dfrac{1}{2} \Rightarrow y = 1 \quad (\text{良品}) \\ < \dfrac{1}{2} \Rightarrow y = 0 \quad (\text{不良品}) \end{cases}$$

という判別方式で行う.

2) 階層的ニューラルネットの事例への適用

ここで用いる階層的ニューラルネット・モデルは,隠れ層(中間層)のユニット数を $M = 3$ としている.調査データから取り出した学習データを用いて階層的ニューラルネット・モデルの未知母数 $\{\theta_i\}$, $\{\beta_{ij}\}$ を推定する.未知母数の個数は900個以上で,本事例の全データ数よりも多い.未知母数 $\{\theta_i\}$, $\{\beta_{ij}\}$ の推定のための初期値は,乱数を用いて与える.得られた推定値 $\{\hat{\theta}_i\}$, $\{\hat{\beta}_{ij}\}$ を利用して,学習データの学習精度(誤判別率)と,

表 5.6　階層的ニューラルネットの予測精度

(a) 局所解 1

学習精度

実測	予測		合計
	不良品	良品	
不良品	306	0	306
良品	0	344	344
誤判別率 = 0			

予測精度

実測	予測		合計
	不良品	良品	
不良品	86	28	114
良品	19	117	136
誤判別率 = (28 + 19)/250 = 0.188			

(b) 局所解 2

学習精度

実測	予測		合計
	不良品	良品	
不良品	303	3	306
良品	15	329	344
誤判別率 = (3 + 15)/650 = 0.0277			

予測精度

実測	予測		合計
	不良品	良品	
不良品	91	23	114
良品	18	118	136
誤判別率 = (23 + 18)/250 = 0.164			

検証データの予測精度(誤判別率)を調べた結果が**表 5.6** である．表 5.6 では 2 つの局所解を与えている．

表 5.6 を見ると，2 つの局所解の学習精度は良好である．予測精度については，学習精度の少し劣る局所解 2 の方がわずかながらもよい．さらに興味深いのは，表 5.5 のロジスティック判別の結果や，表 5.2 の線形判別の結果よりも，予測精度がよくなっていることである．

(5) サポート・ベクター・マシーン

1) ハードマージン最適化

図 5.9 に，群 G_1 と G_2 のデータ(G_1：■印，G_2：●印)を打点して示している．今明らかにしたいのは，新しいデータ $\mathbf{x} = (x_1, x_2)^T$ が与えられたとき，$\mathbf{x}$ が群 G_1 に属するか，群 G_2 に属するかを判定する直線，

$$L(\boldsymbol{\psi}, b | \mathbf{x}) = \psi_1 x_1 + \psi_2 x_2 + b = (\boldsymbol{\psi} * \mathbf{x}) + b \begin{cases} > 0 \Rightarrow \mathbf{x} \in G_1 \\ < 0 \Rightarrow \mathbf{x} \in G_2 \end{cases}$$

をいかに合理的に決定すればよいかということである．ここで，2 つの p 次元ベクトル $\boldsymbol{\psi} = (\psi_1, \psi_2, \cdots, \psi_p)^T$, $\mathbf{x} = (x_1, x_2, \cdots, x_p)^T$ に対する内積に関する記号，

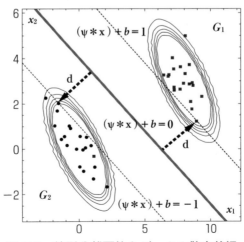

図 5.9 線形分離可能なデータの散布状況

$$(\psi * \mathbf{x}) = \psi_1 x_1 + \psi_2 x_2 + \cdots + \psi_p x_p$$

を，$p=2$ の場合に用いている．

図 5.9 では，判別のための直線 $L(\psi, b | \mathbf{x}) = (\psi * \mathbf{x}) + b$ を以下のような考え方で導いている．

図 5.9 の群 G_1 と G_2 のようなデータの散布状況のときには，いつでも直線を引いて 2 つの群 G_1 と G_2 を分けることができる．このような状況を「線形分離可能」な状況という．そこで，群 G_1 と G_2 を分けるように，平行な直線，

$$\begin{cases} \psi_1 x_1 + \psi_2 x_2 + b = 1 & ((\psi * \mathbf{x}) + b = 1) \\ \psi_1 x_1 + \psi_2 x_2 + b = -1 & ((\psi * \mathbf{x}) + b = -1) \end{cases}$$

を描く．2 つの直線の方向を決める ψ は図の群 G_1 と G_2 の散布状況から適宜決められるが，b については考察する必要がある．

群 G_1 の点 $\mathbf{x}_i^{(1)} = \left(x_{i1}^{(1)}, x_{i2}^{(1)}\right)^T$ $(i=1,2,\cdots,n_1)$ と群 G_2 の点 $\mathbf{x}_j^{(2)} = \left(x_{j1}^{(2)}, x_{j2}^{(2)}\right)^T$ $(j=1,2,\cdots,n_2)$ は，2 つの直線 $(\psi * \mathbf{x}) + b = 1$, $(\psi * \mathbf{x}) + b = -1$ に対して，

$$\psi_1 x_{i1}^{(1)} + \psi_2 x_{i2}^{(1)} + b = \left(\psi * \mathbf{x}_i^{(1)}\right) + b \geq +1 \quad (i=1,2,\cdots,n_1)$$
$$\psi_1 x_{j1}^{(2)} + \psi_2 x_{j2}^{(2)} + b = \left(\psi * \mathbf{x}_j^{(2)}\right) + b \leq -1 \quad (j=1,2,\cdots,n_2)$$

を満たしている．2 つの直線 $(\psi * \mathbf{x}) + b = \pm 1$ がそれぞれ群 G_1 と群 G_2 のデータ点を通過することから，$\left(\psi * \mathbf{x}_i^{(1)}\right)$ の最小値 $\min_i \left(\psi * \mathbf{x}_i^{(1)}\right)$ と $\left(\psi * \mathbf{x}_j^{(2)}\right)$ の最大値 $\max_j \left(\psi * \mathbf{x}_j^{(2)}\right)$ を用いると，

$$\min_i \left(\psi * \mathbf{x}_i^{(1)}\right) + b = 1$$
$$\max_j \left(\psi * \mathbf{x}_j^{(2)}\right) + b = -1$$

が成立している．この 2 つの式から，

$$b = -\frac{1}{2}\left\{\min_i \left(\psi * \mathbf{x}_i^{(1)}\right) + \max_j \left(\psi * \mathbf{x}_j^{(2)}\right)\right\}$$

であることがわかる．この b と方向 ψ を用いて，判別のための直線 $L(\psi, b | \mathbf{x}) = (\psi * \mathbf{x}) + b = 0$ が求められる．

次に，最適な判別直線 $L(\psi, b | \mathbf{x}) = (\psi * \mathbf{x}) + b = 0$ を求めるための解決策の一つが，Vapnik (1998) により与えられている．それは，2 つの直線

$(\psi * \mathbf{x}) + b = \pm 1$ の間の距離が最大になるように方向 ψ と b を決めることである．言い換えれば，直線 $L(\psi, b | \mathbf{x}) = (\psi * \mathbf{x}) + b = 0$ から2つの直線 $(\psi * \mathbf{x}) + b = \pm 1$ までの距離 d（これをマージンと呼ぶ）が最大になるように方向 ψ と b を決めるのである．マージン d は簡単に求められ，

$$d = \frac{\min_i \left(\psi_1 x_{i1}^{(1)} + \psi_2 x_{i2}^{(1)} \right) - \max_j \left(\psi_1 x_{j1}^{(2)} + \psi_2 x_{j2}^{(2)} \right)}{2 \sqrt{\psi_1^2 + \psi_2^2}}$$

$$= \frac{\min_i \left(\psi * \mathbf{x}_i^{(1)} \right) - \max_j \left(\psi * \mathbf{x}_j^{(2)} \right)}{2 \sqrt{(\psi * \psi)}}$$

で与えられる．マージン d は方向 ψ のみの関数であるが，書き換えるとさらに簡単になり，

$$d = \frac{\min_i \left(\psi * \mathbf{x}_i^{(1)} \right) + b - \left\{ \max_j \left(\psi * \mathbf{x}_j^{(2)} \right) + b \right\}}{2 \sqrt{(\psi * \psi)}}$$

$$= \frac{(+1) - (-1)}{2\sqrt{(\psi * \psi)}} = \frac{1}{\sqrt{(\psi * \psi)}}$$

となる．すなわち，マージン d の最大化は方向ベクトル ψ の大きさの最小化を意味する．

ここで，データ点 $\mathbf{x} = (x_1, x_2)^T$ が群 G_1 あるいは群 G_2 に属するという条件は，

$$\begin{cases} \psi_1 x_1 + \psi_2 x_2 + b \geq +1 \Leftrightarrow \mathbf{x} \in G_1 \\ \psi_1 x_1 + \psi_2 x_2 + b \leq -1 \Leftrightarrow \mathbf{x} \in G_2 \end{cases}$$

となっているので，ラベルを与える変数 y，

$$y = \begin{cases} +1 \Leftrightarrow \mathbf{x} \in G_1 \\ -1 \Leftrightarrow \mathbf{x} \in G_2 \end{cases}$$

を与える．するとデータ $\mathbf{x} = (x_1, x_2)^T$ および y が与えられたとき，満たすべき条件は1つの式，

$$y(\psi_1 x_1 + \psi_2 x_2 + b) \geq 1$$

のみで与えられる．

以上のことから，群 G_1 の点 $\mathbf{x}_i^{(1)} = \left(x_{i1}^{(1)}, x_{i2}^{(1)} \right)^T$ $(i = 1, 2, \cdots, n_1)$ と群 G_2

の点 $\mathbf{x}_j^{(2)} = \left(x_{j1}^{(2)}, x_{j2}^{(2)}\right)^T$ $(j = 1, 2, \cdots, n_2)$ をまとめて，$\mathbf{x}_i (i = 1, 2, \cdots, n)$ $(n = n_1 + n_2)$，$\mathbf{x}_i$ のラベルを y_i とすると，本項のマージン最大化問題は次のようになる．

（ハードマージン最適化）
　条件 $y_i\{(\mathbf{\psi} * \mathbf{x}_i) + b\} \geq 1$ $(i = 1, 2, \cdots, n)$ のもとで，マージン d の最大化を行う．

$$\Downarrow$$

（ハードマージン最適化の主問題）
　条件 $y_i\{(\mathbf{\psi} * \mathbf{x}_i) + b\} \geq 1$ $(i = 1, 2, \cdots, n)$ のもとで，$\dfrac{1}{2}(\mathbf{\psi} * \mathbf{\psi})$ の最小化を行う．

主問題を効率的に解くために，ラグランジュの未定乗数法により，主問題を双対問題に書き換える．ラグランジュ関数は，

$$Q(\mathbf{\psi}, b | \mathbf{\alpha}) = \frac{1}{2}(\mathbf{\psi} * \mathbf{\psi}) - \sum_{i=1}^{n} \alpha_i \left[y_i\{(\mathbf{\psi} * \mathbf{x}_i) + b\} - 1 \right] \quad (\alpha_i \geq 0, i = 1, 2, \cdots, n)$$

となり，最小値が満たすべき条件は，

$$\begin{cases} \dfrac{\partial Q(\mathbf{\psi}, b, \mathbf{\alpha})}{\partial \mathbf{\psi}} = \mathbf{\psi} - \sum_{i=1}^{n} \alpha_i y_i \mathbf{x}_i = \mathbf{0} \\ \dfrac{\partial Q(\mathbf{\psi}, b, \mathbf{\alpha})}{\partial b} = -\sum_{i=1}^{n} \alpha_i y_i = 0 \end{cases} \Rightarrow \begin{cases} \mathbf{\psi} = \sum_{i=1}^{n} \alpha_i y_i \mathbf{x}_i \\ \sum_{i=1}^{n} \alpha_i y_i = 0 \end{cases}$$

で与えられる．この条件を利用して，ラグランジュ関数 $Q(\mathbf{\psi}, b | \mathbf{\alpha})$ を書き換えると，新しい関数，

$$W(\mathbf{\alpha}) = \sum_{i=1}^{n} \alpha_i - \frac{1}{2} \sum_{i=1}^{n} \sum_{j=1}^{n} \alpha_i \alpha_j y_i y_j (\mathbf{x}_i * \mathbf{x}_j) \quad (\alpha_i \geq 0, i = 1, 2, \cdots, n)$$

を得る．これより，双対問題は次のようになる．

> （ハードマージン最適化の双対問題）
> 条件 $\alpha_i \geqq 0$ $(i = 1, 2, \cdots, n)$ および $\sum_{i=1}^{n} \alpha_i y_i = 0$ のもとで，$W(\boldsymbol{\alpha})$ の最大化を行う．

双対問題を解いて得られた解を $\hat{\boldsymbol{\alpha}}$ とする．$\boldsymbol{\psi}$ の推定値はラグランジュ関数の条件から，

$$\hat{\boldsymbol{\psi}} = \sum_{i=1}^{n} \hat{\alpha}_i y_i \mathbf{x}_i$$

で与えられる．b の推定値については，2つの直線 $(\hat{\boldsymbol{\psi}} * \mathbf{x}) + b = \pm 1$ 上にあるデータ点を，

$$\begin{cases} (\hat{\boldsymbol{\psi}} * \mathbf{x}^+) + b = +1 \\ (\hat{\boldsymbol{\psi}} * \mathbf{x}^-) + b = -1 \end{cases}$$

とすれば，

$$\hat{b} = -\frac{1}{2} \{(\hat{\boldsymbol{\psi}} * \mathbf{x}^+) + (\hat{\boldsymbol{\psi}} * \mathbf{x}^-)\}$$

で与えられる．推定値 $\hat{\boldsymbol{\psi}}$ と $\hat{b}$ を用いると，新しいデータ $\mathbf{x}$ に対する判別方式は，

$$L(\hat{\boldsymbol{\psi}}, \hat{b} \mid \mathbf{x}) = (\hat{\boldsymbol{\psi}} * \mathbf{x}) + \hat{b} = \sum_{i=1}^{n} \hat{\alpha}_i y_i (\mathbf{x}_i * \mathbf{x}) + \hat{b} \begin{cases} \geqq 0 \Rightarrow \mathbf{x} \in G_1 \\ < 0 \Rightarrow \mathbf{x} \in G_2 \end{cases}$$

で与えられる．

サポート・ベクトルとは，2つの直線 $(\hat{\boldsymbol{\psi}} * \mathbf{x}) + \hat{b} = \pm 1$ 上にあるデータ点 $\mathbf{x}^+$，$\mathbf{x}^-$ らのことをいう．サポート・ベクトルの個数は，データ数 n に比べて著しく少数であることがわかる．すなわち，ごく少数のサポート・ベクトルで $\boldsymbol{\psi}$ と b の推定ができることが，Vapnik(1998)の提唱するサポート・ベクター・マシーンの大きな利点であり特徴である．

2) ソフトマージン最適化

ここで，図 5.10 に線形分離可能でないデータの状況を与えている．

図 5.10 では，群 G_1 の点で，直線 $(\boldsymbol{\psi} * \mathbf{x}) + b = +1$ より下にあるものが

5.3 分類のための各種データマイニング手法

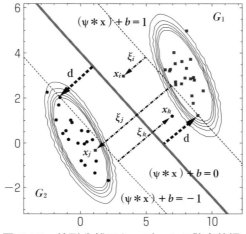

図 5.10 線形分離でないデータの散布状況

2個 $\{\mathbf{x}_i, \mathbf{x}_j\}$ あり,群 G_2 の点で,直線 $(\psi * \mathbf{x}) + b = -1$ より上にあるものが1個 $\{\mathbf{x}_k\}$ ある.3点 $\{\mathbf{x}_i, \mathbf{x}_j, \mathbf{x}_k\}$ は逸脱度を示す変数(スラック変数と呼ぶ) $\xi_i, \xi_j, \xi_k (\geq 0)$ を使って,直線,

$$(\psi * \mathbf{x}_i) + b = 1 - \xi_i, (\psi * \mathbf{x}_j) + b = 1 - \xi_j, (\psi * \mathbf{x}_k) + b = -1 + \xi_k$$

上にあるものとして取り扱われている.ここで,直線 $(\psi * \mathbf{x}) + b = 0$ によって正しく判別されるのが点 $\mathbf{x}_i (0 < \xi_i < 1)$ であり,誤判別されるのが点 $\{\mathbf{x}_j, \mathbf{x}_k\} (\xi_j, \xi_k > 1)$ である.2つの直線 $(\psi * \mathbf{x}) + b = \pm 1$ により,正しく分離されているデータ点に対しては,逸脱度 $\xi = 0$ と考える.したがって,すべてのデータ点 $\mathbf{x}_i$ について逸脱度 $\xi_i (\geq 0)$ を考え,逸脱度の和 $\sum_{i=1}^{n} \xi_i$ ができるだけ小さくなるようにマージン d の最大化を考える.このときのマージンをソフトマージンと呼ぶ.ソフトマージンの最適化は次のように表現できる.

(ソフトマージン最適化の主問題)

関数 $\Phi(\psi, \xi) = \dfrac{1}{2}(\psi * \psi) + C\left(\sum_{i=1}^{n} \xi_i\right)$ を条件 $y_i \{(\psi * \mathbf{x}_i) + b\} \geq 1 - \xi_i, \xi_i \geq 0$ $(i = 1, 2, \cdots, n)$ の下で最小化する.このときの $C (> 0)$ は適当に与え

た定数で，ペナルティを調節する役目をもつ．

この主問題に対する双対問題を求めるために，ラグランジュ関数,

$$Q(\psi, b, \xi | \alpha, \beta) = \frac{1}{2}(\psi * \psi) + C\left(\sum_{i=1}^{n}\xi_i\right) - \sum_{i=1}^{n}\alpha_i\left[y_i\left\{(\psi * \mathbf{x}_i) + b\right\} - 1 + \xi_i\right] - \sum_{i=1}^{n}\beta_i\xi_i$$

$$(\alpha_i \geq 0, \ \beta_i \geq 0, \ i = 1, 2, \cdots, n)$$

を考える．最小値が満たす条件は,

$$\begin{cases} \dfrac{\partial Q(\psi, b, \xi | \alpha, \beta)}{\partial \psi} = \psi - \sum_{i=1}^{n}\alpha_i y_i \mathbf{x}_i = 0 \\ \dfrac{\partial Q(\psi, b, \xi | \alpha, \beta)}{\partial b} = -\sum_{i=1}^{n}\alpha_i y_i = 0 \\ \dfrac{\partial Q(\psi, b, \xi | \alpha, \beta)}{\partial \xi_i} = C - \alpha_i - \beta_i = 0 \end{cases} \Rightarrow \begin{cases} \psi = \sum_{i=1}^{n}\alpha_i y_i \mathbf{x}_i \\ \sum_{i=1}^{n}\alpha_i y_i = 0 \\ \alpha_i + \beta_i = C \quad (i = 1, \cdots, n) \end{cases}$$

となる．この条件を用いて，ラグランジュ関数 $Q(\psi, b, \xi | \alpha, \beta)$ を書き直せば，再び,

$$W(\alpha) = \sum_{i=1}^{n}\alpha_i - \frac{1}{2}\sum_{i=1}^{n}\sum_{j=1}^{n}\alpha_i \alpha_j y_i y_j (\mathbf{x}_i * \mathbf{x}_j) \quad (C \geq \alpha_i \geq 0, \ i = 1, 2, \cdots, n)$$

を得る．

> (ソフトマージン最適化の双対問題)
> 条件 $C \geq \alpha_i \geq 0$ $(i = 1, 2, \cdots, n)$ および $\sum_{i=1}^{n}\alpha_i y_i = 0$ のもとで，$W(\alpha)$ の最大化を行う．

双対問題を解いて得られた解を $\hat{\alpha}$ とする．ψ の推定値はラグランジュ関数の条件から

$$\hat{\psi} = \sum_{i=1}^{n}\hat{\alpha}_i y_i \mathbf{x}_i$$

で与えられる．b の推定値については，2つの直線 $(\hat{\psi} * \mathbf{x}) + b = \pm 1$ 上にあるデータ点を,

$$\begin{cases} (\hat{\psi} * \mathbf{x}^+) + b = +1 \\ (\hat{\psi} * \mathbf{x}^-) + b = -1 \end{cases}$$

とすれば,

$$\hat{b} = -\frac{1}{2}\{(\hat{\psi} * \mathbf{x}^+) + (\hat{\psi} * \mathbf{x}^-)\}$$

で与えられる.推定値 $\hat{\psi}$ と $\hat{b}$ を用いると,新しいデータ $\mathbf{x}$ に対する判別方式は,

$$L(\hat{\psi}, \hat{b} | \mathbf{x}) = (\hat{\psi} * \mathbf{x}) + \hat{b} = \sum_{i=1}^{n} \hat{\alpha}_i y_i (\mathbf{x}_i * \mathbf{x}) + \hat{b} \begin{cases} \geq 0 \Rightarrow \mathbf{x} \in G_1 \\ < 0 \Rightarrow \mathbf{x} \in G_2 \end{cases}$$

で与えられる.

ソフトマージン最適化の場合には,サポート・ベクトルは,2つの直線 $(\hat{\psi}*\mathbf{x})+\hat{b}=\pm 1$ 上にあるデータ点 $\mathbf{x}^+$, $\mathbf{x}^-$ らに加えて,逸脱度 $\hat{\xi}_i$ が正になるデータ点 $\mathbf{x}_i$ を追加した集合になる.サポート・ベクトル・マシーンの詳細については,Vapnik(1998)を参照.

3) サポート・ベクター・マシーンの事例への適用

調査データから取り出した学習データにサポート・ベクター・マシーンを適用して,ソフトマージン最適化を実行し,判別直線 $L(\psi,b|\mathbf{x}) = (\psi*\mathbf{x})+b=0$ の ψ と b を推定する.得られた推定値 $\hat{\psi}$, $\hat{b}$ を利用して,学習データの学習精度(誤判別率)と,検証データの予測精度(誤判別率)を調べた結果が**表 5.7** である.

表 5.7 の結果を見ると,サポート・ベクター・マシーンの予測精度は,表 5.6 のニューラルネットの予測精度と大差ないことがわかる.興味深く

表 5.7 サポート・ベクター・マシーンの予測精度

学習精度

実測	予測		
	不良品	良品	合計
不良品	295	11	306
良品	9	335	344
誤判別率 = (11+9)/650 = 0.0307			

予測精度

実測	予測		
	不良品	良品	合計
不良品	89	25	114
良品	21	115	136
誤判別率 = (25+21)/250 = 0.184			

感じるのは，サポート・ベクター・マシーンの性質が「線形判別」であるのに対し，ニューラルネットは「非線形判別」であることである．サポート・ベクター・マシーンのもつ本質的な線形性により，現在では，カーネル関数などが導入され，その適用可能性が大きく拡大されている．

(6) 分類木
1) 空間を長方形で分割する

ここまで紹介してきた分類のための手法は，連続値からなる入力変数 $\mathbf{x} = (x_1, x_2, \cdots, x_p)^T$ の存在する特徴空間を直線で分割したり，マハラノビス平方距離などの曲線で分割したりして予測を行うものであった．機械学習の分野では，$\mathbf{x}$ の特徴空間を長方形領域に分割して予測を行う分類木 (classification tree) という有名な手法が存在する．分類木がよく利用される理由の一つに，得られた結果の解釈の容易さが挙げられる．ここでは，分類木の基本的な考え方を紹介し，調査データに分類木を適用する．

$\mathbf{x}$ の特徴空間を長方形領域に分割する場合，長方形領域の作り方には無数の方法があるので，もっとも簡単な形式のものを採用する．まず，$\mathbf{x} = (x_1, x_2, \cdots, x_p)^T$ の軸 x_j に沿った長方形領域 R のみを考える．すなわち，長方形領域 R は，
$$R = \left\{ \mathbf{x} \mid L_j \leq x_j \leq U_j (j=1, 2, \cdots, p) \right\},$$
の形をしている．ここで，$L_j, U_j (j=1, 2, \cdots, p)$ は与えられた定数である．L_j, U_j がそれぞれ $-\infty$ と ∞ を表す場合には，省略されることが多い．

次に，長方形領域 R をある規準に従って長方形領域に細分割するときに，細分割する方法として，ある軸 x_j に関して2分割する場合のみを考える．すなわち，$x_j = s$ で2分割することより，長方形領域 R は以下のように2分割される．
$$R = R_-(j, s) \cup R_+(j, s)$$
$$R_-(j, s) = \left\{ \mathbf{x} \mid L_j \leq x_j \leq s, L_k \leq x_k \leq U_k (k \neq j, k=1, 2, \cdots, p) \right\}$$
$$R_+(j, s) = \left\{ \mathbf{x} \mid s < x_j \leq U_j, L_k \leq x_k \leq U_k (k \neq j, k=1, 2, \cdots, p) \right\}$$
$$R_-(j, s) \cap R_+(j, s) = \phi$$

5.3 分類のための各種データマイニング手法

長方形領域 R が $R_-(j, s)$ と $R_+(j, s)$ に分割された後,$R_-(j, s)$ と $R_+(j, s)$ のそれぞれについて2分割を試みることになる.分割領域が必ず直前の分割領域に含まれることから,このアルゴリズムは再帰的分割(recursive partitioning)と呼ばれている.

図 5.11 に,表 5.1 のデータを分類木で分析した結果を示す.群 G_1 に属するデータを○印で,群 G_2 に属するデータを×印で表している.3つの分割領域があり,それぞれ,

$$R_{(1)} = \{x_1 \leq 8.2\},\ R_{(2)} = \{8.2 < x_1, x_2 \leq 3.85\},\ R_{(3)} = \{8.2 < x_1, 3.85 < x_2\}$$

となっている.分割の順序は,まず直線 $x_1 = 8.2$ により,特徴空間が $R_{(1)}$ と $R_{(2)} \cup R_{(3)}$ に2分割され,続いて,$R_{(2)} \cup R_{(3)}$ が直線 $x_2 = 3.85$ により $R_{(2)}$ と $R_{(3)}$ に2分割されている.その結果,$R_{(1)} \cup R_{(2)}$ が群 G_2 を表し,$R_{(3)}$ が群 G_1 を表す分割結果が得られている.

分割の順序の情報は,**図 5.12** のように樹木構造(tree dendrogram)で与えられる.

2)分割規準と数値例

ここで,表 5.1 のような入力変数 $\mathbf{x} = (x_1, x_2, \cdots, x_p)^T$ と判定を表すラベル変数 y,

$$y = \begin{cases} 1 \Leftrightarrow \mathbf{x} \in G_1 \\ 0 \Leftrightarrow \mathbf{x} \in G_2 \end{cases}$$

についての観測データ $\{\mathbf{x}_i = (x_{i1}, x_{i2}, \cdots, x_{ip})^T, y_i\}\ (i=1, 2, \cdots, n)$ が与えられたときに,特徴空間を分割するための手法である分類木の分割規準と分割列の停止則を紹介する.そのために,利用される各種の統計量から説明を始める.

①領域 R における y の平均情報量(entropy)

$n(R) = \#\{\{\mathbf{x}_i, i=1, 2, \cdots, n\} \cap R\}$:領域 R に含まれるデータ $\mathbf{x}_i$ の個数.
$n_0(R) = \sum_{\mathbf{x}_i \in R} I(y_i = 0)$:領域 R に含まれるデータ $\mathbf{x}_i$ で群 G_2 に含まれるもの($y_i = 0$)の個数.ここで,関数 $I(\{式\})$ は標示関数で,$\{式\}$ が成

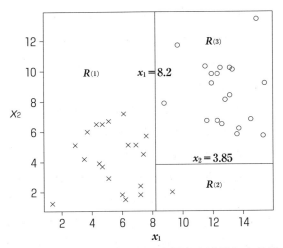

図 5.11　表 5.1 のデータに分類木を適用した結果

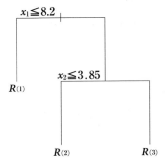

図 5.12　表 5.1 のデータの分類木による分析の樹木表現

立するときに 1, 成立しないときに 0 という値をとる.

$n_1(R) = \sum_{x_i \in R} I(y_i = 1)$：領域 R に含まれるデータ x_i で群 G_1 に含まれる ($y_i = 1$) ものの個数. 明らかに, $n(R) = n_0(R) + n_1(R)$.

$\hat{p}_0 = \dfrac{n_0(R)}{n(R)} = \dfrac{1}{n(R)} \sum_{x_i \in R} I(y_i = 0)$：領域 R に含まれるデータ $y_i = 0$ の割合.

$\hat{p}_1 = \dfrac{n_1(R)}{n(R)} = \dfrac{1}{n(R)} \sum_{x_i \in R} I(y_i = 1)$：領域 R に含まれるデータ $y_i = 1$ の割合.

$H_y(R) = -\hat{p}_0 \log \hat{p}_0 - \hat{p}_1 \log \hat{p}_1$　$(\hat{p}_0 + \hat{p}_1 = 1)$：平均情報量

性質：$0 \leq H_y(R) \leq \log 2$

$H_y(R)$ は領域 R でのデータ $y_i = 0$ と $y_i = 1$ の混雑度 (impurity) を表している．もし，$\hat{p}_0 = \hat{p}_1 = 0.5$ であれば，$H_y(R)$ は最大値 $\log 2$ をとり，$\hat{p}_0 = 0$ または $\hat{p}_0 = 1$ のときには，$H_y(R)$ は最小値 0 をとる．

(数値例 1) 表 5.1 のデータについて，(x_1, x_2) の 2 次元の特徴空間を R^2 で表せば，群 G_1 と G_2 のデータ数が等しいので，$H_y(R^2) = \log 2$ となり，最大値を得る．図 5.11 中の分割領域 $R_{(t)}$ ($t = 1, 2, 3$) については，$H_y(R_{(t)}) = 0$ ($t = 1, 2, 3$) である．

②領域 R における変数 x_j とラベル変数 y の相互情報量 (mutual information)

$$\hat{p}_{0-}(j, s) = \frac{1}{n(R)} \sum_{x_i \in R_-(j, s)} I(y_i = 0)$$

　　：領域 $R_-(j, s)$ に含まれるデータ $y_i = 0$ の割合．

$$\hat{p}_{0+}(j, s) = \frac{1}{n(R)} \sum_{x_i \in R_+(j, s)} I(y_i = 0)$$

　　：領域 $R_+(j, s)$ に含まれるデータ $y_i = 0$ の割合．

$$\hat{p}_{1-}(j, s) = \frac{1}{n(R)} \sum_{x_i \in R_-(j, s)} I(y_i = 1)$$

　　：領域 $R_-(j, s)$ に含まれるデータ $y_i = 1$ の割合．

$$\hat{p}_{1+}(j, s) = \frac{1}{n(R)} \sum_{x_i \in R_+(j, s)} I(y_i = 1)$$

　　：領域 $R_+(j, s)$ に含まれるデータ $y_i = 1$ の割合．

$\hat{p}_-(j, s) = \hat{p}_{0-}(j, s) + \hat{p}_{1-}(j, s)$：領域 $R_-(j, s)$ に含まれるデータ $\mathbf{x}_i$ の割合．
$\hat{p}_+(j, s) = \hat{p}_{0+}(j, s) + \hat{p}_{1+}(j, s)$：領域 $R_+(j, s)$ に含まれるデータ $\mathbf{x}_i$ の割合．

$$I_y(j, s \mid R) = \hat{p}_{0-}(j, s) \log \frac{\hat{p}_{0-}(j, s)}{\hat{p}_0 \hat{p}_-(j, s)} + \hat{p}_{0+}(j, s) \log \frac{\hat{p}_{0+}(j, s)}{\hat{p}_0 \hat{p}_+(j, s)}$$
$$+ \hat{p}_{1-}(j, s) \log \frac{\hat{p}_{1-}(j, s)}{\hat{p}_1 \hat{p}_-(j, s)} + \hat{p}_{1+}(j, s) \log \frac{\hat{p}_{1+}(j, s)}{\hat{p}_1 \hat{p}_+(j, s)}$$

　　：変数 x_j とラベル変数 y の $x_j = s$ での相互情報量

性質：$0 \leq I_y(j, s \mid R) \leq H_y(R)$

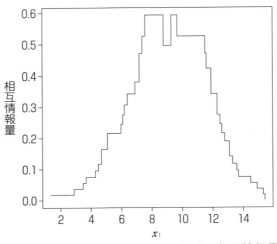

図 5.13　表 5.1 のデータの x_1 に関する相互情報量

　$I_y(j, s \mid R)$ は領域 R を変数 x_j で $\{x_j \leq s\}$ と $\{s < x_j\}$ の部分に分割したときに，その分割領域に入るデータ $\mathbf{x}_i$ とラベル変数 y_i との関連の強さを測っている．強い関連性は，データ $\mathbf{x}_i$ が $y=0$ または $y=1$ のグループにうまく分けられることを示している．

(数値例 2) 表 5.1 のデータについて，(x_1, x_2) の特徴空間 R^2 における x_1 に関する相互情報量 $I_y(1, s \mid R^2)$ のグラフを図 5.13 に与える．図 5.13 からわかるように，$I_y(1, s \mid R^2)$ は $x_1 = s = 8.2$，または $x_1 = s = 9.5$ で最大値 0.592 をとる．

③長方形領域を 2 分割するための規準

　まず，各 $x_j (j = 1, 2, \cdots, p)$ について，s を動かして相互情報量 $I_y(j, s \mid R)$ を最大にする値を s_j とする．次に，$j(=1, 2, \cdots, p)$ を動かして，相互情報量 $I_y(j, s_j \mid R)$ を最大にする $\bar{j}$ を求める．最後に，軸 $x_j = s_j$ を用いて長方形領域 R を 2 分割する．

(数値例 3) 表 5.1 のデータについて，(x_1, x_2) の特徴空間 R^2 における x_1 に関する相互情報量の最大値は $I_y(1, s = 8.2 \mid R^2) = 0.592$，あるいは $I_y(1, s = 9.5 \mid R^2) = 0.592$ である．x_2 に関する相互情報量 $I_y(2, s \mid R^2)$ の最大値は I_y

$(2, s=5.4 \mid R^2) = 0.342$ である.したがって,軸 $x_1 = 8.2$(または,$x_1 = 9.5$)を用いて特徴空間 R^2 を2分割する.図5.11の中に軸 $x_1 = 8.2$ が描かれている.特徴空間 R^2 は $R_{(1)} = \{x_1 \leq 8.2\}$ と $R_{(2)} \cup R_{(3)} = \{8.2 < x_1\}$ に分割される.

一般に,複数の長方形領域 $R_{(1)}, R_{(2)}, \cdots, R_{(m)}$ が存在しているとき,2分割すべき長方形領域は以下のように決定する.

まず,各相互情報量 $I_y(j, s \mid R_{(t)})$ $(t = 1, \cdots, m)$ の最大値 $I_y(\tilde{j}(t), s_{\tilde{j}(t)} \mid R_{(t)})$ $(t = 1, \cdots, m)$ を求める.次に,$I_y(\tilde{j}(t), s_{\tilde{j}(t)} \mid R_{(t)})$ $(t = 1, \cdots, m)$ の最大を与える t を t^* とする.最後に,軸 $x_{\tilde{j}(t^*)} = s_{\tilde{j}(t^*)}$ を用いて長方形領域 $R_{(t^*)}$ を2分割する.

(数値例4)表5.1のデータでは,特徴空間 R^2 は初めに $R_{(1)} = \{x_1 \leq 8.2\}$ と $R_{(2)} \cup R_{(3)} = \{8.2 < x_1\}$ に分割された.$R_{(1)}$ には1種類の群のデータしかないので,すべての相互情報量の値は0である.一方,$R_{(2)} \cup R_{(3)}$ には群 G_1 と G_2 のデータが混在するので,x_1 と x_2 に関する相互情報量 $I_y(j, s \mid R_{(2)} \cup R_{(3)})$ の最大値を求めると,

$$I_y(1, s = 9.5 \mid \{8.2 < x_1\}) = 0.125, \quad I_y(2, s = 3.85 \mid \{8.2 < x_1\}) = 0.191$$

となる.したがって,$R_{(2)} \cup R_{(3)} = \{8.2 < x_1\}$ が軸 $x_2 = 3.85$ により2分割される.その結果,$R_{(2)}$ と $R_{(3)}$ が得られる.

④分割列 $R_{(1)}, R_{(2)}, \cdots, R_{(m)}$ が得られたときの停止則

分割を進めるか停止するかを判断する基準について述べる.各分割領域 $R_{(t)}$ $(t = 1, \cdots, m)$ の平均情報量 $H_y(R_{(t)})$ とデータ数 $n(R_{(t)})$ を用いて,分割列全体にわたる $n(R_{(t)}) \times H_y(R_{(t)})$ の和と m に関する罰則項 $\alpha \times m$(α は適当に与えられた非負の数)を考慮して,

$$C(m, \alpha) = \sum_{t=1}^{m} n(R_{(t)}) H_y(R_{(t)}) + \alpha m$$

により判断を行う.例えば,$C(m, \alpha)$ がある m で最小値をとれば,その m を超えて分割は行わないとする.通常,α は交差確認(cross validation)などで推定され,最終的な分割が求められる.

(数値例5)以下,$\alpha=2$ と仮定する.表5.1のデータについて,最初の特徴空間 R^2 を扱う $m=1$ の場合を考えると,
$$C(m=1, \alpha=2) = n(R^2)H_y(R^2)+2 = 40 \times \log 2 + 2 = 29.726$$
次に,特徴空間 R^2 が,軸 $x_1=8.2$ により $R_{(1)}=\{x_1 \leq 8.2\}$ と $R_{(2)} \cup R_{(3)} = \{8.2 < x_1\}$ とに2分割された $m=2$ の場合を考える.
$$C(m=2, \alpha=2) = n(R_{(1)})H_y(R_{(1)}) + n(R_{(2)} \cup R_{(3)})H_y(R_{(2)} \cup R_{(3)}) + 2 \times 2$$
$$= 21 \times \left\{ -\frac{1}{21}\log\left(\frac{1}{21}\right) - \frac{20}{21}\log\left(\frac{20}{21}\right) \right\} + 4 = 8.02$$
特徴空間 R^2 が,$R_{(1)}, R_{(2)}, R_{(3)}$ に分割された $m=3$ の場合は,
$$C(m=3, \alpha=2) = \sum_{t=1}^{3} n(R_{(t)})H_y(R_{(t)}) + 2 \times 3 = 6$$
となる.$m=3$ の場合が,$C(m, \alpha=2)$ の最小値を与えることもわかる.

⑤分割列 $R_{(1)}, R_{(2)}, \cdots, R_{(m)}$ に与えるラベル変数 y の値と予測の問題

分割領域 $R_{(t)}$ ($t=1, 2, \cdots, m$) に与えるラベル変数 y の値は,次のように決定する.$R_{(t)}$ における $y_i=0$ の個数 $n_0(R_{(t)})$ と $y_i=1$ の個数 $n_1(R_{(t)})$ の大小を比較して,
$$n_1(R_{(t)}) - n_0(R_{(t)}) \begin{cases} \geq 0 \Rightarrow y(R_{(t)})=1, & \text{すなわち } R_{(t)} \subset G_1 \\ < 0 \Rightarrow y(R_{(t)})=0, & \text{すなわち } R_{(t)} \subset G_2 \end{cases}$$
とする.新しいデータ $\mathbf{x}=(x_1, x_2, \cdots, x_p)^T$ が得られたとき,データ $\mathbf{x}$ が群 G_1 に属する ($y=1$) か群 G_2 に属する ($y=0$) かの判定は,データ $\mathbf{x}$ が入る分割領域 $R_{(t)}$ ($t=1, 2, \cdots, m$) のラベル変数 y の値に従って決定する.

(数値例6)表5.1のデータについて,特徴空間 R^2 が $R_{(1)}, R_{(2)}, R_{(3)}$ と分割された場合のラベル変数 y の値は,$y(R_{(1)})=0$, $y(R_{(2)})=0$, $y(R_{(3)})=1$ となる.

以上で分類木の基本的なアルゴリズムの紹介を終わる.分類木の詳細については Breiman, Friedman, Olshen & Stone(1984),Quinlan(1993)を参照.

表 5.8 分類木の予測精度

学習精度

実測	予測		
	不良品	良品	合計
不良品	277	29	306
良品	28	316	344
誤判別率 = (29 + 28)/650 = 0.0876			

予測精度

実測	予測		
	不良品	良品	合計
不良品	85	29	114
良品	25	111	136
誤判別率 = (29 + 25)/250 = 0.216			

3) 分類木の事例への適用

本事例に分類木を適用した．学習データを用いた分類木では，特徴空間は13個の長方形領域に分割され，さらに，検証データを用いて予測を行った．表5.8に学習精度(誤判別率)と予測精度(誤判別率)の結果を示す．

表5.8の結果は，ニューラルネットの表5.6の結果，およびサポート・ベクター・マシーンの表5.7の結果に比べてそれほど悪くはない．また，表5.8の結果は線形判別とロジスティック判別の表5.2と表5.3の結果よりも良好である．分類木の適度な非線形性が，線形判別とロジスティック判別などの線形的手法よりも予測精度を向上させていると考えられる．

(7) k近傍法

1) 近傍による事後確率の推定

パターン認識での密度推定の方法である k 近傍法を，本事例に適用する．群 G_1(例えば良品群)と G_2(不良品群)のデータが与えられているとき，新しいデータ x がどちらの群に属するかを，以下のような考え方で判定する．

ロジスティック判別の時と同様に，新しいデータ $\mathbf{x} = (x_1, x_2, \cdots, x_p)^T$ と分類を示す y 変数，

$$y = \begin{cases} 1 \Leftrightarrow \mathbf{x} \in G_1 \\ 0 \Leftrightarrow \mathbf{x} \in G_2 \end{cases}$$

を用いて，次の確率，

$\Pr(y=1|\mathbf{x})$: $\mathbf{x} = (x_1, x_2, \cdots, x_p)^T$ が与えられたときに $\mathbf{x} \in G_1$ となる確率
$\Pr(y=0|\mathbf{x})$: $\mathbf{x} = (x_1, x_2, \cdots, x_p)^T$ が与えられたときに $\mathbf{x} \in G_2$ となる確率

$$\Pr(y=1\,|\,\mathbf{x}) + \Pr(y=0\,|\,\mathbf{x}) = 1$$

を求めることを考える．ここで $\pi(\mathbf{x}) = \Pr(y=1\,|\,\mathbf{x})$ とおくと，$\Pr(y=0\,|\,\mathbf{x}) = 1 - \pi(\mathbf{x})$ である．

まず，あらかじめ決めてある整数値 k（>0，奇数とする）の個数だけ群 G_1 と G_2 のデータを含むように，$\mathbf{x}$ を中心に円または球体を描く．これを $\mathbf{x}$ の k 近傍と呼ぶ．k 個のデータのうち，群 G_1 に属しているデータの個数を $k_1(\geqq 0)$，群 G_2 に属しているデータの個数を $k_2(\geqq 0)$ とする．このとき，$\pi(\mathbf{x})$ の推定値が

$$\hat{\pi}(\mathbf{x}) = \frac{k_1}{k} \quad \text{および} \quad 1 - \hat{\pi}(\mathbf{x}) = \frac{k_2}{k} \quad (k_1 + k_2 = k)$$

として求められる．したがって，新しいデータ $\mathbf{x}$ がどちらの群に属するかの判定は，

$$\frac{\widehat{\Pr}(y=1\,|\,\mathbf{x})}{\widehat{\Pr}(y=0\,|\,\mathbf{x})} = \frac{\hat{\pi}(\mathbf{x})}{1-\hat{\pi}(\mathbf{x})} = \frac{k_1}{k_2} \begin{cases} >1 \Rightarrow \mathbf{x} \in G_1 \\ <1 \Rightarrow \mathbf{x} \in G_2 \end{cases}$$

あるいは，簡単に

$$k_1 - k_2 \begin{cases} >0 \Rightarrow \mathbf{x} \in G_1 \\ <0 \Rightarrow \mathbf{x} \in G_2 \end{cases}$$

で行う．

2) 数値例

図5.14に2次元の場合の例を示す．群 G_1 のデータが■印，群 G_2 のデータが●印で与えられている．新しいデータ $\mathbf{x}$ に対して，$k=3$ のデータ点を含むように，$\mathbf{x}$ を中心にして円を描くと，$k_1=2$, $k_2=1$ となり，$\mathbf{x}$ は群 G_1 に属すると判定される．$k=5$ のデータ点を含むように円を描くと，$k_1=2$, $k_2=3$ となり，$\mathbf{x}$ は群 G_2 に属すると判定される．

k近傍法は2点 $\mathbf{a} = (a_1, a_2, \cdots, a_p)^T$ と $\mathbf{b} = (b_1, b_2, \cdots, b_p)^T$ 間の距離として，ユークリッド距離，

$$d(\mathbf{a}, \mathbf{b}) = \sqrt{(\mathbf{a}-\mathbf{b})*(\mathbf{a}-\mathbf{b})} = \sqrt{(a_1-b_1)^2 + (a_2-b_2)^2 + \cdots + (a_p-b_p)^2}$$

を用いることが多い．図5.14での半径の距離はユークリッド距離で $p=2$

5.3 分類のための各種データマイニング手法

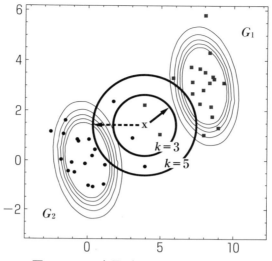

図 5.14　2次元データでのk近傍法

の場合である.

3) k近傍法の事例への適用

本事例にk近傍法を適用した．学習データの良品群を群 G_1, 不良品群を群 G_2 として，検証データを用いて予測を行った．ここでは $k = 3$ としている．**表 5.9** に学習精度（誤判別率）と予測精度（誤判別率）の結果を示す．

表5.9の結果は，分類木の表5.8の結果とあまり大差がないことがわかる．意外にも，予測精度はそれほど悪くない．

k近傍法は本質的に非線形手法で，もし質のよい学習データが十分に集まるならば，分類問題に対して強力な道具になり得る．ただし，そのため

表 5.9　k近傍法の予測精度

学習精度

実測	予測		
	不良品	良品	合計
不良品	272	34	306
良品	30	314	344
誤判別率 = (34 + 30)/650 = 0.0984			

予測精度

実測	予測		
	不良品	良品	合計
不良品	86	28	114
良品	25	111	136
誤判別率 = (28 + 25)/250 = 0.212			

には大記憶容量をもち，超高速で計算処理が行える計算機が必要になる．

(8) バギング
1) 標本から標本を取り出す

2つの群 G_1 と G_2 が存在するとき，与えられたデータ $\mathbf{x}$ に対して，$\mathbf{x}$ がどちらの群に属するかを判定する問題では，今までの考え方の手順は次のようになる．まず，$\mathbf{x}$ を判定するための予測式あるいは判定方式 $\varphi(\mathbf{x}, \boldsymbol{\theta})$ を構成する．次に群 G_1 と G_2 の学習データ $\mathbf{D}$ を用いて，$\boldsymbol{\theta}$ の推定値 $\hat{\boldsymbol{\theta}}$ を求める．最後に，検証データで $\varphi(\mathbf{x}, \hat{\boldsymbol{\theta}})$ の予測精度を評価する．

ここで，群 G_1 と G_2 の M 個の独立な学習データ $\mathbf{D}_{(i)}$ ($i = 1, 2, \cdots, M$) が利用できると仮定すると，M 個の学習データ $\{\mathbf{D}_{(i)}\}$ から，M 個の予測式 $\varphi(\mathbf{x}, \hat{\boldsymbol{\theta}}_{(i)})$ ($i = 1, 2, \cdots, M$) が得られる．すると，新しい予測式として，

$$\overline{\varphi}(\mathbf{x}) = \frac{1}{M} \sum_{i=1}^{M} \varphi(\mathbf{x}, \hat{\boldsymbol{\theta}}_{(i)})$$

または，

$$\varphi_{\max}(\mathbf{x}) = \left\{ \varphi(\mathbf{x}, \hat{\boldsymbol{\theta}}_{(i)}) \ (i = 1, 2, \cdots, M) \text{ により } \mathbf{x} \text{ が属すると判定された個数が最も多い群} \right\}$$

の利用が考えられる．

通常は，群 G_1 と G_2 の M 個の独立な学習データ $\mathbf{D}_{(i)}$ ($i = 1, 2, \cdots, M$) は利用できないため，学習データ $\mathbf{D}$ から，ブーツストラップ (bootstrap) と呼ばれるリサンプリング (標本再抽出) 法を用いて，M 個のブーツストラップ標本を取り出し，学習データ $\mathbf{D}^*_{(i)}$ ($i = 1, 2, \cdots, M$) を作る．

ブーツストラップ法を簡単に紹介する (詳細は，Efron & Tibshirani (1993) 参照)．群 G_1 と G_2 の学習データを $\mathbf{D} = \{(\mathbf{x}_i, y_i), i = 1, 2, \cdots, n\}$ とする．y_i はデータの属する群を示すラベル変数である．ここで，$\mathbf{D} = \{(\mathbf{x}_i, y_i), i = 1, 2, \cdots, n\}$ を用いた離散分布，

$$\Pr((\mathbf{X}, y) = (\mathbf{x}_i, y_i)) = \Pr(\mathbf{X} = \mathbf{x}_i, y = y_i) = \frac{1}{n} \quad (i = 1, 2, \cdots, n)$$

を考えて，$(\mathbf{X}, y)$ についての大きさ n の独立標本 $\mathbf{D}^* = \{(\mathbf{x}_i^*, y_i^*), i = 1, 2, \cdots,$

$n\}$ を抽出する．標本 $\mathbf{D}^*$ は標本 $\mathbf{D} = \{(\mathbf{x}_i, y_i), i = 1, 2, \cdots, n\}$ からのブートストラップ標本と呼ばれる．

学習データ $\mathbf{D} = \{(\mathbf{x}_i, y_i), i = 1, 2, \cdots, n\}$ からの M 個のブートストラップ標本 $\mathbf{D}^*_{(i)}$ ($i = 1, 2, \cdots, M$) を用いて，M 個の予測式 $\varphi(\mathbf{x}, \hat{\boldsymbol{\theta}}_{(i)}{}^*)$ ($i = 1, 2, \cdots, M$) を求める．新しい予測式として，

$$\bar{\varphi}^*(\mathbf{x}) = \frac{1}{M} \sum_{i=1}^{M} \varphi(\mathbf{x}, \hat{\boldsymbol{\theta}}_{(i)}{}^*)$$

または，

$$\varphi_{\max}{}^*(\mathbf{x}) = \{\varphi(\mathbf{x}, \hat{\boldsymbol{\theta}}_{(i)}{}^*) \, (i = 1, 2, \cdots, M) \text{ により } \mathbf{x} \text{ が属すると判定された個数がもっとも多い群}\}$$

を利用する．

上の方式は，ブーツストラップ(bootstrap)を用いて予測式を統合する(aggregating)ことから，バギング(bagging)と呼ばれている．統合した予測式 $\bar{\varphi}^*(\mathbf{x})$ の平均2乗誤差は，個々の予測式 $\varphi(\mathbf{x}, \hat{\boldsymbol{\theta}}_{(i)}{}^*)$ の平均2乗誤差を M 個足し合わせて M で平均したものより小さくなることが知られている．詳細は，Breiman(1996)を参照．

2）バギングの事例への適用

本事例にバギングを適用して予測式を求めた．得られた予測式を用いて，学習データの学習精度(誤判別率)と，検証データの予測精度(誤判別率)を調べた結果が**表 5.10** である．ブーツストラップ標本の個数は $M = 40$ としている．

表 5.10 の結果を見ると，今までの手法の中で最良の結果になっている．

表 5.10 バギングの予測精度

学習精度

実測	予測		
	不良品	良品	合計
不良品	306	0	306
良品	0	344	344
誤判別率 = 0/650 = 0			

予測精度

実測	予測		
	不良品	良品	合計
不良品	114	0	114
良品	0	136	136
誤判別率 = 0/250 = 0			

(9) ブースティング
1) 1つの標本を繰り返し利用する

ここでは，バギングとは異なるタイプの統合的手法である適応型ブースティング(Adaptive Boosting，略してAdaBoost)を紹介する．その基本的な考え方は，学習データを繰り返し利用しながら，繰返しの各段階で新しい予測式を導入し，一連の予測式の一次結合を用いて，よりよい予測式を構成していくというものである．

学習データを $\mathbf{D} = \{(\mathbf{x}_i, y_i), i=1, 2, \cdots, n\}$ とする．ラベル変数 y は，

$$y = \begin{cases} 1 \Leftrightarrow \mathbf{x}_i \in G_1 \\ -1 \Leftrightarrow \mathbf{x}_i \in G_2 \end{cases}$$

とする．データ $\mathbf{x}$ に対する予測式 $\varphi(\mathbf{x}, \boldsymbol{\theta})$ は，y の値を予測する，すなわち，

$$y(\mathbf{x}) = \varphi(\mathbf{x}, \boldsymbol{\theta})$$
$$(y(\mathbf{x})=1 \text{ または } y(\mathbf{x})=-1)$$

と仮定する．$\varphi(\mathbf{x}, \boldsymbol{\theta})$ はベース学習器(分類器)とも呼ばれる．

次の誤差関数，

$$E = \sum_{i=1}^{n} \exp\left\{-y_i \varphi^{(m)}(\mathbf{x}_i)\right\}$$

を考える．ここで，$\varphi^{(m)}(\mathbf{x})$ は，

$$\varphi^{(m)}(\mathbf{x}) = \frac{1}{2}\sum_{j=1}^{m} \alpha_{(j)} \varphi(\mathbf{x}, \boldsymbol{\theta}_{(j)})$$

で定義される予測式である．目標は，誤差関数 E を最小にするような $\{\alpha_{(j)}, \boldsymbol{\theta}_{(j)}\}$ $(j=1, 2, \cdots, m)$ を見つけることである．

誤差関数 E の $\{\alpha_{(j)}, \boldsymbol{\theta}_{(j)}\}$ $(j=1, 2, \cdots, m)$ に関する最小化を行うとき，同時最適化を行わずに，逐次最適化を行うことを考える．そこで，$\varphi(\mathbf{x}, \hat{\boldsymbol{\theta}}_{(1)})$，$\cdots$，$\varphi(\mathbf{x}, \hat{\boldsymbol{\theta}}_{(m-1)})$ と $\hat{\alpha}_{(1)}, \cdots, \hat{\alpha}_{(m-1)}$ が与えられたとして，$\alpha_{(m)}$ と $\boldsymbol{\theta}_{(m)}$ について最小化を行う．誤差関数を書き直して，

$$E = \sum_{i=1}^{n} \exp\left\{-y_i \hat{\varphi}^{(m-1)}(\mathbf{x}_i) - \frac{1}{2} y_i \alpha_{(m)} \varphi(\mathbf{x}_i, \boldsymbol{\theta}_{(m)})\right\}$$

5.3 分類のための各種データマイニング手法

$$= \sum_{i=1}^{n} c_i^{(m)} \exp\left\{-\frac{1}{2} y_i \alpha_{(m)} \varphi\left(\mathbf{x}_i, \boldsymbol{\theta}_{(m)}\right)\right\}$$

を得る．ただし，$c_i^{(m)} = \exp\left\{-y_i \hat{\varphi}^{(m-1)}(\mathbf{x}_i)\right\}$, $\hat{\varphi}^{(m-1)}(\mathbf{x}_i) = \frac{1}{2}\sum_{j=1}^{m-1} \hat{\alpha}_{(j)} \varphi\left(\mathbf{x}_i, \hat{\boldsymbol{\theta}}_{(j)}\right)$
（$i = 1, 2, \cdots, n$）とおいた．ここで，重み $\left\{c_i^{(m)}\right\}$ は定数である．

$\varphi\left(\mathbf{x}_i, \boldsymbol{\theta}_{(m)}\right)$ と y_i に関する標示関数，

$$I\left\{\varphi\left(\mathbf{x}_i, \boldsymbol{\theta}_{(m)}\right) \neq y_i\right\} = \begin{cases} 1 \Leftrightarrow \varphi\left(\mathbf{x}_i, \boldsymbol{\theta}_{(m)}\right) \neq y_i \\ 0 \Leftrightarrow \varphi\left(\mathbf{x}_i, \boldsymbol{\theta}_{(m)}\right) = y_i \end{cases}$$

を導入すると，誤差関数 E はさらに簡単になり，

$$E = \left(\exp\left(\frac{\alpha_{(m)}}{2}\right) - \exp\left(-\frac{\alpha_{(m)}}{2}\right)\right) \sum_{i=1}^{n} c_i^{(m)} I\left\{\varphi\left(\mathbf{x}_i, \boldsymbol{\theta}_{(m)}\right) \neq y_i\right\}$$
$$+ \exp\left(-\frac{\alpha_{(m)}}{2}\right) \sum_{i=1}^{n} c_i^{(m)}$$

となる．誤差関数 E の式の形から，$\alpha_{(m)}$ と $\boldsymbol{\theta}_{(m)}$ に関する最小化は以下のように行う．

まず，誤差関数 E の第 1 項の係数，

$$J^{(m)} = \sum_{i=1}^{n} c_i^{(m)} I\left\{\varphi\left(\mathbf{x}_i, \boldsymbol{\theta}_{(m)}\right) \neq y_i\right\}$$

を，$\boldsymbol{\theta}_{(m)}$ に関して最小化する．その値を $\hat{\boldsymbol{\theta}}_{(m)}$ とする．続いて，誤差関数 E を $\alpha_{(m)}$ について最小化すると，$\hat{\alpha}_{(m)}$ は，

$$\hat{\alpha}_{(m)} = \log\left(\frac{1 - \hat{\varepsilon}_{(m)}}{\hat{\varepsilon}_{(m)}}\right)$$

$$\hat{\varepsilon}_{(m)} = \frac{\sum_{i=1}^{n} c_i^{(m)} I\left\{\varphi\left(\mathbf{x}_i, \hat{\boldsymbol{\theta}}_{(m)}\right) \neq y_i\right\}}{\sum_{i=1}^{n} c_i^{(m)}}$$

で与えられる．

$\hat{\alpha}_{(m)}$ と $\hat{\boldsymbol{\theta}}_{(m)}$ が見つかったので，重み $\left\{c_i^{(m)}\right\}$ が更新できる．更新式は，

$$c_i^{(m+1)} = c_i^{(m)} \exp\left\{-\frac{1}{2} y_i \hat{\alpha}_{(m)} \varphi\left(\mathbf{x}_i, \hat{\boldsymbol{\theta}}_{(m)}\right)\right\}$$

で与えられる．ここで，恒等式，
$$y_i \varphi\left(\mathbf{x}_i, \hat{\boldsymbol{\theta}}_{(m)}\right) = 1 - 2I\left\{\varphi\left(\mathbf{x}_i, \hat{\boldsymbol{\theta}}_{(m)}\right) \neq y_i\right\}$$
を用いて，更新式を書き直せば，
$$c_i^{(m+1)} = c_i^{(m)} \exp\left(-\frac{1}{2}\hat{\alpha}_{(m)}\right) \exp\left[\hat{\alpha}_{(m)} I\left\{\varphi\left(\mathbf{x}_i, \hat{\boldsymbol{\theta}}_{(m)}\right) \neq y_i\right\}\right]$$
を得る．詳細は，Freund & Schapire (1996) を参照．

以上のことから，AdaBoost のアルゴリズムは，次のようにまとめられる．

AdaBoost のアルゴリズム

1．データの重み c_i ($i=1, 2, \cdots, n$) の初期化．$c_i^{(1)} = \dfrac{1}{n}$ ($i=1, 2, \cdots, n$) とおく．

2．$m = 1, 2, \cdots, M$ について，以下を繰り返す．

 (i) 予測式 $\varphi\left(\mathbf{x}_i, \boldsymbol{\theta}_{(m)}\right)$ について，次の量，
$$J^{(m)} = \sum_{i=1}^{n} c_i^{(m)} I\left\{\varphi\left(\mathbf{x}_i, \boldsymbol{\theta}_{(m)}\right) \neq y_i\right\}$$
 を最小にするような $\hat{\boldsymbol{\theta}}_{(m)}$ を求める．

 (ii) 次の値を，順次計算する．
$$\hat{\varepsilon}_{(m)} = \frac{\sum_{i=1}^{n} c_i^{(m)} I\left\{\varphi\left(\mathbf{x}_i, \hat{\boldsymbol{\theta}}_{(m)}\right) \neq y_i\right\}}{\sum_{i=1}^{n} c_i^{(m)}}$$
$$\hat{\alpha}_{(m)} = \log\left(\frac{1 - \hat{\varepsilon}_{(m)}}{\hat{\varepsilon}_{(m)}}\right)$$

 (iii) 以下の式で，データの重みの更新を行う．
$$c_i^{(m+1)} = c_i^{(m)} \exp\left[\hat{\alpha}_{(m)} I\left\{\varphi\left(\mathbf{x}_i, \hat{\boldsymbol{\theta}}_{(m)}\right) \neq y_i\right\}\right] \quad (i=1, 2, \cdots, n)$$

3．最終の予測式の構成は以下となる．

$$\hat{\varphi}_M(\mathbf{x}) = \sum_{m=1}^{M} \hat{\alpha}_{(m)}\, \varphi\left(\mathbf{x},\, \hat{\boldsymbol{\theta}}_{(m)}\right) \begin{cases} \geq 0 \Rightarrow \mathbf{x} \in G_1 \\ < 0 \Rightarrow \mathbf{x} \in G_2 \end{cases}$$

$\mathbf{x}$ が与えられたとき,$y=1$ となる確率を $\Pr(y=1\mid\mathbf{x})$,$y=-1$ となる確率を $\Pr(y=-1\mid\mathbf{x})$ とすれば,$\mathbf{x}$ が群 G_1 か群 G_2 のいずれに属するかの判定は,対数オッズ,

$$\log\left\{\frac{\Pr(y=1\mid\mathbf{x})}{\Pr(y=-1\mid\mathbf{x})}\right\} \begin{cases} \geq 0 \Rightarrow \mathbf{x} \in G_1 \\ < 0 \Rightarrow \mathbf{x} \in G_2 \end{cases}$$

に従って行うことができる.

AdaBoost で求められる最終の予測式 $\hat{\varphi}_M(\mathbf{x}) = \sum_{m=1}^{M} \hat{\alpha}_{(m)}\, \varphi\left(\mathbf{x},\, \hat{\boldsymbol{\theta}}_{(m)}\right)$ は,上の対数オッズの近似関数になることがわかっている(Friedman, Hastie & Tibshirani(2000)).

2) ブースティングの事例への適用

本事例に AdaBoost を適用し予測式を求めた.得られた予測式を用いて,学習データの学習精度(誤判別率)と,検証データの予測精度(誤判別率)を調べた結果が表 5.11 である.反復数(すなわち,一連の予測式の個数)は $M=40$ としている.

表 5.11 の結果を見ると,表 5.10 の結果と同様に,今までの手法の中で最良の結果になっている.

5.4 まとめ

本事例に対する 5.3 節で述べた手法を用いた分析結果を表 5.12 にまとめ

表 5.11　AdaBoost の予測精度

学習精度

実測	予測		
	不良品	良品	合計
不良品	306	0	306
良品	0	344	344
誤判別率 = 0/650 = 0			

予測精度

実測	予測		
	不良品	良品	合計
不良品	114	0	114
良品	0	136	136
誤判別率 = 0/250 = 0			

表 5.12 各手法の予測精度のまとめ（320 次元データ）

手　法	学習精度（%）	予測精度（%）
線形判別	3.23	26.4
MT システム	0	53.2
ロジスティック判別	0	30
ニューラルネット	2.77	16.4
サポート・ベクター・マシーン	3.07	18.4
分類木	8.76	21.6
k 近傍法	9.84	21.2
バギング	0	0
ブースティング	0	0

注：精度は誤判別率を示し，小さい方がよい．

表 5.13 各手法の予測精度のまとめ（512 次元データ）

手　法	学習精度（%）	予測精度（%）
線形判別	0.15	36
MT システム	計算不能	計算不能
ロジスティック判別	0	36.4
ニューラルネット	0.31	20.4
サポート・ベクター・マシーン	6.3	19.2
分類木	9.1	22
k 近傍法	7.54	17.2
バギング	0	0
ブースティング	0	0

注：精度は誤判別率を示し，小さい方がよい．

る．表 5.12 の結果を見ると，予測精度によって多変量解析での伝統的手法群（線形判別，ロジスティック判別，MT システム），次に，機械学習での代表的手法群（ニューラルネット，サポート・ベクター・マシーン，分類木，k 近傍法），そして，機械学習での統合的手法群（バギング，ブースティング）という 3 つのタイプの群に分かれる．

参考のために，512 次元の調査データについて，すべての周波数を用いた場合の予測精度の分析結果を表 5.13 に示す．512 次元データを用いる場合，多変量解析での伝統的手法群では，次元数の制約のために，数値計算

上の問題から適用できない手法が現れる．この場合は，MTシステムが適用できなくなる．さらに次元が増えれば，線形判別，ロジスティック判別も数値計算上の問題から適用できなくなる．伝統的手法群を適用するためには，観測単位の個数を増加させるか，あるいは，その他の対処法を考慮しなければならない．

表5.13の予測精度の結果については，表5.12の場合と同様に，多変量解析での伝統的手法群(線形判別，ロジスティック判別)，機械学習での代表的手法群(ニューラルネット，サポート・ベクター・マシーン，分類木，k近傍法)，機械学習での統合的手法群(バギング，ブースティング)という3つのタイプの手法群に分かれる．

各手法について判明した点をまとめると次のようになる．多変量解析での伝統的手法群は，データの次元数が増えると学習精度はよくなるが，予測精度は悪くなるという傾向が見られる．一方，機械学習での代表的手法群はデータの次元数の変化にあまり影響を受けることはない．統合的手法群は，次元数の変化にまったく影響を受けず，安定した性能を発揮しているため，学習データの情報を常に上手に利用している手法だと考えられる．

本章では，ピレネー・ストーリーの基本力の1つである「予知力」を発揮する観点から，一連のデータマイニング手法を紹介した．現象の発生メカニズムが不明であるときに，状態観測データから現象の発生が予測できるかという問題に対し，取り上げた事例では，内圧変動という現象の発生メカニズムの情報を何ら用いることなく，状態監視データである音響スペクトルの情報から良・不良の予測が可能であるという十分な結果がデータマイニング手法から得られている．

5.5 ソフトウェアについて

データマイニングを試みるための適当なソフトウェアとして，フリーソフトのRがある．本章の事例はすべてRで解析した．

RはWebサイトのCRAN(Comprehensive R Archive Network)(http://cran.r-project.org)から，本体や各種のパッケージがダウンロー

ドできる．

　CRANの日本でのミラーサイトには，筑波大学(http://cran.md.tsukuba.ac.jp/)，統計数理研究所(http://cran.ism.ac.jp/)，兵庫教育大学(http://essrc.hyogo-u.ac.jp/cran/)がある．

　Rには情報交換の場として大きなWebサイトRjpWiki(http://www.okada.jp.org/RWiki/)があり，さまざまなユーザーのために大いに役立っている．

　筆者が利用したRのバージョンは，R 2.15.3である．データマイニングで用いたパッケージとプログラムは表5.14のようになる．

　Rは対話型の高度な統計解析環境を我々に提供してくれる．Rの特徴としては，高速な演算処理，充実したグラフィックス出力，豊富なデータ入出力機能，および，優れた乱数生成機能などがある．また，世界各地のRユーザーにより開発された最新のプログラムが，CRANを通じて世界中に配信されており，各自のR環境を絶えず更新し続けられる．

　Rのパッケージの一つであるRコマンダー(Rcmdr)を用いれば，バッチ処理による強力な統計解析ができるようになる．Rコマンダーは統計解析の初心者教育にも最適で，筆者は商学部の2年生の教育にExcelとともに利用している．コンビニエンスストアでPOSデータを用いたデータマイニングが行われる時代である．ピレネー・ストーリーを用いて問題の本

表5.14　第5章で用いたRのパッケージとプログラム

手法	パッケージ名	プログラム名
線形判別	MASS	lda
ロジステイック判別（回帰）	MASS	glm
ニューラルネット	nnet	nnet
サポート・ベクター・マシーン	e1071	svm
分類木	mvpart	rpart
k近傍法	class	knn
バギング	ipred	bagging
ブースティング	ada	ada

質を探究する場面で，Rをはじめとする解析ツールを用いたデータマイニングは，今後ますます必要になるであろう．

引用・参考文献

[1] Bishop, C. M.(2006), "*Pattern Recognition and Machine Learning*", Springer-Verlag New York.
村田昇（監訳）:『パターン認識と機械学習（上，下）』，丸善出版，2012.
[2] Breiman, L., Friedman, J., Olshen, R. and Stone, C.(1984), "*Classification and Regression Trees*", Wadsworth, New York.
[3] Breiman, L.(1996), "Bagging predictors", *Machine Learning*, Vol. 26, pp.123-140.
[4] Cristianini, N. and Shawe-Taylor, J.(2000), "*An Introduction to Support Vector Machines*", Cambridge University Press.
大北剛（訳）:『サポートベクターマシーン入門』，共立出版，2005.
[5] Efron, B. and Tibshirani, R. J.(1993), "*An Introduction to the Bootstrap*", Chapman & Hall.
[6] Freund, Y. and Schapire, R. E.(1996), "Experiments with a new boosting algorithm", *13th International Conference on Machine Learning, L.Saitta(Ed.)*, pp.148-156., Morgan Kaufmann.
[7] Friedman, J., Hastie, T. and Tibshirani, R.(2000), "Additive logistic regression: a statistical view of boosting", *Annals of Statistics*, Vol.28, pp.337-407.
[8] Giudici, P. and Figini, S.(2009), "*Applied Data Mining for Business and Industry*", 2nd Edition, Wiley.
[9] Hastie, T., Tibshirani, R. and Friedman, J.(2009), "*The Elements of Statistical Learning*", 2nd Edition, Springer, New York.
杉山將他（監訳），井尻善久他（訳）:『統計的学習の基礎』，共立出版，2014.
[10] 磯貝恭史:「データマイニング・ケーススタディ－ある予測問題の観点から－」，『流通科学大学論集－経済・情報・政策編』第23巻第2号，pp.47-73，2015.
[11] 小西貞則:『多変量解析入門』，岩波書店，2010.
[12] 夏木崇・打田浩明・磯貝恭史:「検査工程における高次元データの統計的分類法に関する研究」，『神戸大学大学院海事科学研究科紀要』，第9号，pp.8-19，2012.
[13] 立林和夫・長谷川良子・手島昌一:『入門MTシステム』:日科技連出版社，2008.
[14] Quinlan, R.(1993), "*C4.5: Programs for Machine Learning*", Morgan Kaufmann, San Mateo.
[15] Rizzo, M. L.(2008), "*Statistical Computing with R*", CRC Press, Taylor & Francis.
石井一夫・村田真樹（共訳）:『Rによる計算機統計学』，オーム社，2011.
[16] Vapnik, V.(1998), "*Statistical Learning Theory*", Wiley.

第6章
将来のテーマ解決のためのビッグデータ生成法

　現在はビッグデータの時代といわれており，製造やサービスなどのさまざまな分野におけるテーマ解決においてビッグデータの利用が期待されている．しかし言語データから構成されるビッグデータは少なく，ビッグデータ中に過去のテーマや具体例を求めることは現状では難しい．一方，ピレネー・ストーリーは成功時に得られる結果を明確にした後，結果から遡って成功するプロセスを求めるトップダウン型の手法であるため，言語データの利用は重要になる．そこで，本章ではテーマ解決のプロセスなどで得られる言語データを将来のテーマ解決に役立てるためにビッグデータ化していく方法について述べる．

6.1　ビッグデータ分析とリアルタイムな意志決定支援

　いまや高度な情報化社会になっており，情報収集におけるコンピュータの利用は欠かせない．図 6.1 に示すように，パソコンの処理性能はこの 10 年で 5 倍以上向上しており，最近はビッグデータと呼ばれる大規模データ

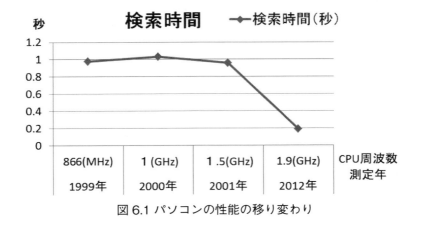

図 6.1 パソコンの性能の移り変わり

の分析やリアルタイムな情報収集が可能となっている．そこで今後，営業活動や技術開発における意志決定に向けて刻々と変化する大規模データから必要な情報をリアルタイムに抽出して意志決定を支援するデータストリーム処理とデータストリームマイニングが期待されている．データストリームマイニングはデータの時間的な変化パターンを分析して事象の因果関係を求める[1]．そこで本章では，これらの情報分析をピレネー・ストーリーにおけるテーマ解決へ応用する方法について解説する．ただし，本章ではデータとは機械などから得られる単なる数値や文字出力を指し，そして情報とは人の判断が含まれる言語または数値情報を指すこととする．また，本章ではテーマ解決に対して，テーマに含まれる個々の問題解決策を問題解決と呼ぶことにする．

図 6.1 に示すグラフは筆者自作のテキスト検索ソフトによりパソコンの検索性能を測定した結果を示す．検索時間は 8 万件（41M バイト）の対象データからフリーキーワード検索を行った結果である．

ピレネー・ストーリーは問題の本質探索を重視したトップダウン型のアプローチである．トップダウン型のアプローチとは，成功時に得られる結果を明確にした後，結果から遡って成功するプロセスを求める手法である．そこでピレネー・ストーリーのステップ 2 では目標のテーマタイプを決めた後に，問題解決に必要な基本力と手法を 5 つの基本力から選び，次に目標と成功時の結果を明確にしてテーマ解決を進める．したがって，ピレネー・ストーリーのステップ 2 の目標設定においてビッグデータ分析の利用が期待される．

目標設定では何を求めるのか，何を実現するのかを設定する．そこで，過去のテーマと目標の具体例をビッグデータに求めることが考えられる．例えば，今回の目標に似たような状況は過去にないのか，あるいは過去に数値的な目標はないのかという条件を，言語または数字の組合せにしてビッグデータへの事例検索を行うことが考えられる．しかし，一般的にビッグデータと呼ばれているデータの多くは，機械やカメラから自動的に収集された数値データであり，問題と対策，そして結果に関する言語データの

蓄積は少ない．したがって，事例情報をビッグデータに求めることは現状では難しく，現実にビッグデータ分析を目標設定に用いるためには，言語データの蓄積を急ぐ必要がある．そこで，6.8節で紹介する情報蓄積ツールを使用した言語データの蓄積方法を参考にされたい．

6.2 保存可能なデータとその拡大

1980年代にパソコンが登場して，コンピュータの利用が一般化した．しかし，初期のパソコンの主記憶容量は32〜64キロ(K)バイトであり，日本語にすると16000文字から32000文字の記録容量であった．主記録容量とは，半導体で構成された主メモリの容量を指す．パソコンでデータ処理を行う場合，主メモリにプログラムとデータを読み込むため，読み込めるデータの大きさには制限があった．そこで初期のコンピュータを利用したデータ処理は，図6.2に示すように，データを分析した最終的な結果のみを残し，元の低位なデータは廃棄するという情報処理が一般的であり，データを分析して得た結果の意味を考えるボトムアップ型情報分析であった．

情報とは，数字と文字の集まりに人が意味付けを行ったものである．例えば，学生の試験結果の分析においてA君の国語の75点という元データは，単にA君の国語の点数が75点であることしか意味をもたない．しかし，さらに数学が75点，英語が95点であるとすると，3科目の平均点は80点となり，80という数字は3科目の点数を処理した高度な情報となる．そしてA君のこれまでの3回の3科目の試験の平均点が75点であったとすると，75点は，時系列的な得点の変化情報を含むさらに高度な情報と

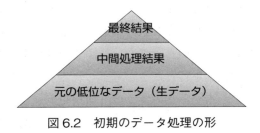

図6.2 初期のデータ処理の形

なる．このように，1つの情報に複数の意味をもたせることを意味圧縮と呼び，従来の情報処理の多くで行われた．そして，データ処理の元となる低位なデータの容量が主記憶容量を上回るようになると，過去のデータは廃棄されるのが初期の情報処理の形であった．

また，コンピュータが用いられる処理に情報検索があり，一般に情報検索には検索用のデータベースソフトが利用される．データベースソフトの主流はリレーショナルデータベースと呼ばれるソフトウェアで，リレーショナルデータベースは表をコンピュータ上に実現したものである．リレーショナルデータベースが登場した1970年代では，コンピュータの記憶容量は小さかったため，表の一部のみを主メモリに格納した．主メモリに格納された項目をキーと呼び，検索時に主として用いる項目である．例えば，社員番号を英数字で10桁確保した場合の1万件のキーデータ容量は，10万バイト，つまり100Kバイトとなる．1Mバイト程度の主記憶しかもたない初期のコンピュータにおいては，大規模なキーデータは主メモリの容量を圧迫した．しかし今日のパーソナルコンピューターは4Gバイト程度の主記憶容量をもち，CPU(Central Processing Unit)も2Ghz程度で動作するため，情報検索においてリレーショナルデータベースを使わずにコンピュータの処理能力のみで検索を行う方法も実現されている．データベースソフトを利用せず，コンピュータの処理能力のみを利用した情報検索の基本はテキストデータ処理であり，テキストデータ処理ではあらかじめテキストデータを構造化して記憶する必要がないため，今後の大規模データ処理への応用が期待されている．

コンピュータの処理能力を利用したテキスト処理の方法にシェルスクリプト処理がある．シェルとはUNIXで採用された命令を作成する一種の言語であり，各コマンドをパイプで接続することにより，より高度なコマンドを作成することが可能である．シェルスクリプト処理ではデータベースソフトを使わず，単純なシェルコマンドプログラムによりハードウェアの性能を生かした処理が期待できる[2]．

このように，人が取り扱うデータは加速度的に増加しており，その膨大

なデータをどのように処理していくかという課題も重要性を増し，さまざまなアプローチがなされている．近年のパソコンがもつ記憶容量は，人が手で作成できるデータ量をはるかに超えており，すべての低位なデータを蓄積することが可能となっている．加えて処理性能も現状のアプリケーションが必要とする実行性能を超えて進歩しており，具体的には通常のパソコンがもつCPU (Central Processing Unit) は2つから4つのコアをもつものが一般的であるのに対して，すでにメーカは100個近くのコアをもつCPUの発売が可能な状態にあるといわれている．高性能なハードウェアは市場要求を待っている段階であり，多大な処理性能を要求する新たなデータ処理方法が求められている．

6.3 ビッグデータ

ビッグデータの明確な定義はなく，一般的にビッグデータとは大規模なデータを示す[3]．例えば，ビッグデータとは，AWS (アマゾンウェブサービス) のようにクラウド上にあるものや，監視カメラの画像や電力使用量計等からの情報[2]を蓄積した大規模なデータを指す．現代はビッグデータの時代であり，例えば家庭用ビデオレコーダには1テラバイト (テラは10の12乗) の記憶容量をもつものもあり，100万世帯がもつビデオレコーダの記憶容量を積算すると1エクサバイト (エクサは10の18乗) となる．また，現在のWEB上に存在するデータは1ゼタバイト (ゼタは10の21乗) であるといわれており，さらにWEB上に存在するデータは急激に増加しており，2016年には約8ゼタバイトまで増加するといわれている[4][5]．データが大規模化した理由の一つとして，画像データや機器のセンサーなどから自動的に生成されるログデータの増加が挙げられる．特にインターネット上の画像やWEBログ (ブログデータ) の増加は目覚ましい．

さらに，クラウド (cloud) と呼ばれるインターネット上の記憶装置 (ストレージ) を簡単に利用できる環境[5]の登場がデータ増加の一因となっている．クラウドに蓄積されたデータは雲のようにどこにあるのかわからないため，クラウドと呼ばれる．加えて，最近のクラウドは単に記憶容量を提

供するだけでなく，アプリケーションサービスを提供するクラウドコンピューティングとなっており，クラウドの利用により今後蓄積されるデータ量はさらに増加すると予想される．一方，最近聞かれるクラウドソーシングは crowd（群衆）から作業に最適な作業者を探して作業を依頼することであり，クラウドコンピューティングとは異なる．

6.4 大規模データの取扱い

蓄積されたデータからルールや規則を抽出する手法としてデータマイニングがあり，データマイニングの一つに POS（Point Of Sales）がある．POS は顧客の購買情報から購買パターンやルールを抽出して経営に役立てる．従来，データマイニングで処理されるデータは，図 6.3 の(a)に示すように，一般的にデータウェアハウスと呼ばれるデータベースサーバに格納されたデータであった．例えば，顧客の動向を分析するデータマイニングでは，販売データを格納しているデータベースサーバ上のデータベースからスナップショットと呼ばれるアクティブデータの一部を取り出して，

図 6.3　データマイニングとビックデータ分析・ストリームマイニング

統計分析ツールにより分析を行う．データベースサーバ上にはアクティブデータとインアクティブデータがあり，スナップショットは最近操作されたアクティブデータから生成される．一方，図 6.3(b)に示すビッグデータ分析・ストリームマイニング処理は，アプリケーションから生成された構造化データではなく，構造化されていない非構造化データを分析する．したがって，データ分析ではデータベースサーバではなく，図 6.3(a)に示すように，データサーバ内に蓄積された大規模な非構造化データの分析が必要である．そこで，非構造化言語データから必要な情報を探し出すための複数のルールによりデータを常に監視するなどの手段が必要となる．非構造化データとは，**図 6.4** の(a)に示すように，データの始まりや終わりが明確ではなく，カテゴリ分けやインデックスの付与がされていないデータのことをいう．一方，構造化されたデータとは，図 6.4(b)に示すように，あるデータ形式に従って保管されているデータのことを指し，データを認識するタグやインデックスが付加されており，データの範囲も明確である．データに添付された見出しやタグのことをデータ属性とも呼ぶ．一般的に，自然言語で記述されたデータはタグやインデックスが付加されていない非構造化データである．構造化されていないデータの例として，人の会話を記録したテキストデータがあり，単純に会話を書き起こしただけではどこからどこまでが誰の発言かは記入されておらず，始めと終わりが不明確な

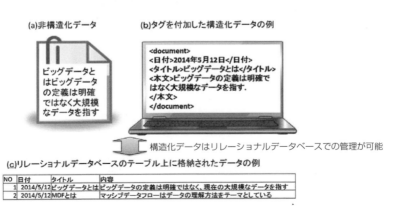

図 6.4　非構造化データと構造化データ

非構造化データである．今後分析が期待されるデータに，個人の生活情報や日記を電子的に記録したライフログや社内SNS(Social Networking Service)データがある．ライフログやSNSデータは人々の生活から収集することが可能であり，今後のテーマ解決への利用が期待される．

6.5 トップダウン型データ分析とデータストリーム

　従来のデータマイニングは，過去に蓄積された構造化データを分析して得られた結果から意味を考えるボトムアップ型データ分析であった．それに対して，ビッグデータ分析は，役立つ結果からプロセスを求めて分析を行うトップダウン型のデータ分析である．トップダウン型のアプローチでは，まず成功例を検索して成功するプロセスを求める．例えば，資格取得において成功した例と失敗した例を検索した後，成功例と失敗例のプロセスを分析することにより，これから資格を取得するというテーマ解決に役立てることができる．本例では，資格取得において成功した例と失敗した例をビッグデータに求めることになり，成功した，失敗したという結果をビッグデータに求める手法が必要となる．そこで，トップダウン型のデータ分析では処理可能なデータが拡大したことにより，分析すべきデータにたどり着くための方法論や手法が必要である．

　また，問題解決に向けた非構造型データの処理方法としてデータストリーム分析が期待されている．データストリーム分析はストリームマイニングとも呼ばれ，時間的なデータの変化を分析する手法で，時間差のある事象間の因果関係の発見を目指すものである．時間差のある事象の因果関係の例として，ある製品の生産において累積生産量が2倍になると実質コストが20%低下する[6]など，時間差のある事象の因果関係を知ることができれば長期的な経営戦略の立案に役立つ．またデータストリーム分析では，ビデオカメラや電力計のように連続に発生するデータを分析する例として，一定時間間隔でデータを区切って分析する手法がある．区切られたデータは，時系列に沿ってブロック化され，インデックスを付与される．そして，データストリーム分析ではブロック化したデータ範囲について特

徴抽出を行い，時系列に沿って区切られたデータブロックの特徴変化の規則やルールを分析する[1]．

6.6　知識情報の蓄積と分析

　一般的にビッグデータと呼ばれているデータの多くは，機械やカメラなどから自動的に登録された数値データであり，問題とプロセス，そして結果に関する言語データの蓄積は少なく，ピレネー・ストーリーの目標設定において事例情報をビッグデータに求めることは現状では難しい．加えて通常のインターネット検索では，ブログなどの個人データや信用度の低いデータが検索されるため，業務などの信頼性が要求される処理への応用は難しい．そこで，実際の目標設定においてビッグデータ分析を用いるためには，信頼度の高い言語データの蓄積を急ぐ必要がある．

　言語データを含むビッグデータを生成する方法の1つとして，コンピュータ上の1つのホルダにデータを集めることが考えられる．例えば社内SNS（ソーシャル ネットワーキング サービス）から蓄積したデータや調査資料，報告書を1つのホルダに蓄積して処理することが考えられる．そして，特定の組織内で蓄積された大規模の言語データに対して全文検索を行うことにより，言語データの問題解決への利用が期待できるようになる．管理情報が付与されていないデータの検索には，フリーキーワード検索と日付検索が有効である．言語データを問題解決に利用するためには，情報の発生源での言語データの登録を急ぐことが必要であり，言語データの登録にあたっては，手元のパソコンから簡単にデータ登録できる環境の実現が望まれる．

　加えて，情報の再利用性を考えた場合，蓄積すべき言語データの水準は低位であるほうがデータの再利用性は高まる．一般的に，データベースに保管管理される情報は最終の報告書である．報告文書は最終的に意味圧縮された文書であり，基礎となるデータは削除されている．基礎となるデータとは，状況，現象，理由，対策，結果に関する言語データである．最終結果である報告書のみでは，図 6.5 に示すように，基礎となるデータが削

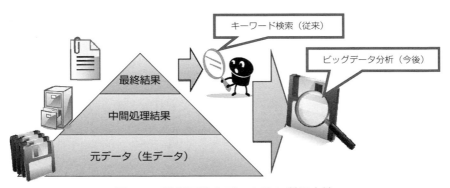

図 6.5 登録可能なデータ量と利用方法

除されているため,状況を知らない別のスタッフが報告書の内容を利用することは,一般的には難しい.報告書の内容を利用できない理由として,例えば,報告書に他の対策の候補や対策の採否が判断された理由に関する情報が記述されていないということがある.対策に至った経緯や対策実行のプロセスに関する記述がなければ,別のスタッフが報告書を利用することは困難である.結果に至ったプロセス情報を,問題に関連付けて言語データとして蓄積することにより,蓄積情報を再利用できる可能性が高まる.

6.7 テーマ解決とデータ駆動型の意志決定

(1) テーマ解決とビッグデータの蓄積

現状はテーマ解決に有効なデータをビッグデータ中から求める手段が望まれている段階であり,ビッグデータ処理を一般的なテーマ解決にすぐに適応することは難しい.一般的にビッグデータとは低位なデータを指しており,そもそも低位な言語データの蓄積が不足している.低位な言語データとはメモや検討資料やライフログデータである.そこで,テーマに含まれる個々の問題を解決するためのヒントをビッグデータに求めることを考えた場合,リアルタイムにデータ処理を行い,データの変化をとらえて効率的に問題解決を行うデータ駆動型問題解決アプローチが考えられる.

データ駆動型問題解決アプローチには2つの手法が考えられる．1つは蓄積された言語データ中にキーワードを求めることである．例えば，データ中に成功と失敗のキーワードを求める．すると，できた，またはできなかったというキーワードから遡って有効なプロセス情報を絞り込み，有効な行動情報を問題解決に役立てることが考えられる．例えば，本手法の応用として，社内SNSデータ中に資格を取得できたというキーワードを求めると，データを遡ることにより資格を取得するための手順や資格の取得にはどうすればよいのかという行動情報を得られる可能性がある．

　もう1つのアプローチは，ビッグデータの変化状況の監視である．本手法では，ビッグデータに対して監視するパラメータと変化検知の閾値を設定したルールを複数設定する．そして，ヒットしたルールの数や組合せにより現状を判断することが考えられ，ルールがヒットしたパターンに対する行動を決めておくことにより，図6.6に示すように，ビッグデータ監視は行動発動の意志決定と一体となり，ビッグデータのリアルタイム監視による問題解決と意志決定支援が可能となる．表6.1にシステム開発の場合のデータ監視パラメータと行動の例を示す．例えば，表6.1の1にあるように，仕様書の修正が1日に5件を超える場合には，客先との仕様の詰めに甘い所があると判断され，客先との仕様に関する再打合せが求められる．しかし，本例の監視を実現するためには言語データを含む定期的な情報登録による社内ビッグデータの構築が必要である．

図6.6　データ駆動型意志決定

6.7 テーマ解決とデータ駆動型の意志決定

表6.1 システム開発における監視パラメータと行動

	事象	監視するパラメータ	対策発動条件	対策
1	外部仕様書の作成遅れ	仕様書の1日の改訂数	5件／日を超える	客先との要求仕様書の再レビュー
2	作業遅れ	作成されるプログラムの量	マイナスになる	外部仕様書の見直し 内部仕様書の見直し
3	作業遅れ	作成されるファイルの数	マイナスになる	内部仕様書の見直し
4	品質の確保	テストケース中の不具合の発生数	不具合発生数が基準の30%を超える	外部仕様書の見直し 内部仕様書の見直し

(2) データ駆動型の意志決定

ビッグデータ分析の利用方法として，次に何をしたらよいかという意志決定を求めるのではなく，状況に従った最適な行動手順をあらかじめ求めておき，状況の変化に従って意志決定を行うことが考えられる．

ビッグデータ分析を利用した意志決定ではビッグデータをリアルタイムに処理できる環境を構築して，データの変化をリアルタイムに捉え，最適な解決手法の選択を行う．

人は動機付けされない作業に興味はなく，行動を先延ばし(procrastination)する傾向がある[7]．そして，期限まで作業に着手できず，結局作業着手遅れとなる[8]．先延ばしは人の脳内における情報変換の障害が1つの原因であるとされており，人の脳内における情報変換の障害は，新脳の概念的な行動が複雑であり，旧脳が行動を理解できず，具体的な行動に展開できないため起こるとされている[9]．

そこで，**図6.7**に示すように，先延ばしを防止する対策として目標に向かう行動がすぐに実行できるよう，ビッグデータ中の成功，失敗キーワードに至るプロセスを取り出し，具体的かつ詳細な行動手順に分解して作業開始の前に十分な時間的な余裕をもって提示を行うことが考えられる．

人が複雑な行動を行う場合，行動の開始までには前熟考期間(Precontemplation)，熟考期間(Contemplation)と作業準備期間(Preparation)が存在する．前熟考期間は行動の意味や手順を熟考する熟考期間に至る前の状態であり，まったく行動が意識されていない状態である．そこで，ビッ

グデータの監視により作業の適切な着手時期を知り，作業に関する熟考を促すことにより先延ばしを排除して作業の着手遅れを防止することが期待できる．

作業の準備不足が作業遅れを引き起こした例を**図 6.8** に示す．図 6.8 はあるシステム開発において作成されたプログラムの行数と生産性の変化の

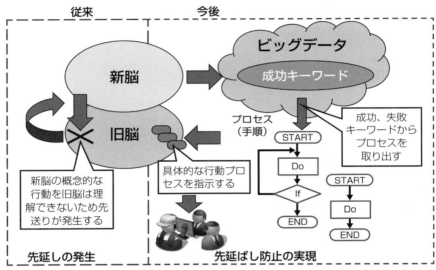

図 6.7　成功プロセス獲得モデル

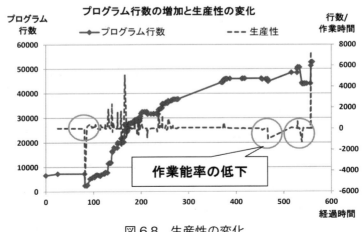

図 6.8　生産性の変化

例を示しており，丸で囲まれた部分では作成されたプログラム行数と生産性がマイナスを示している．マイナスの生産性は作業の準備不足により引き起こされており，具体例として要求仕様の読み間違いや効率のよいプログラムを作成するための検討不足がある．そこで，作業開始前の前熟考期間に適切な情報を与えることにより，高い生産性の維持が期待される．例えば，再利用可能なプログラム部品情報や不具合に関する過去の報告書の提供がある．

　熟考期間における適切な情報提供は，テーマ解決への意識を高め，時間経過とともにテーマ解決策のイメージを高める．作業準備ができていない場合の作業は遅延する．加えて，不具合発生による焦燥感はモチベーションの低下を引き起こす．担当者のテーマ解決への意識の高揚は自発的なテーマ解決行動となり，自分流のシナリオに従ってテーマ解決行動を促進し，テーマ解決活動の一助となる．

6.8　知識情報の登録ツール　KFM

　ビッグデータとはクラウド[10]上にあるデータや監視カメラの画像や電力使用量計などから自動的に登録されたデータが主であり，人が人に伝えるべき作業情報などの言語情報の登録は少ない．そのため，人が人に伝えるべき言語データの登録作業を加速して，言語データをビッグデータ化するために，言語データを発生源で簡単に記録する環境の構築と教育が不可欠である．そこで，筆者らは情報登録のためのツールとして，KFM（Knowledge File Manager：知識ファイルマネージャ）[1)2)3)]を試作した．以下にKFMを使用した言語情報の蓄積の例を紹介する．なお，本ツールの開発にあたっては，㈱テクノソリューションの坂口憲一氏と渡辺博之氏に多大なご協力をいただいた．両氏のご協力に感謝申し上げる．

---

1) KFMの開発はJSPS科研費24500266の助成を受けたものである．
2) 本ソフトに関する著作権およびその他一切の権利はすべて流通科学大学に帰属する．
3) 本ソフトウェアをインストールしたことにより，使用者はこのソフトウェア使用権に同意したこととし，著者，流通科学大学および日科技連出版社は本製品の使用に関する直接または間接に生じる一切の損害について責任は負わないものとする．

(1) KFMの概要

図6.9に示すように，KFMを使用することにより電話メモやパソコンで情報検索した結果を1つのホルダに登録することが可能となる．

KFMを使用して登録された情報はマイクロソフト社のWordデータとして登録される．登録されたデータは表示と修正が可能である．加えて，その他のカタログ情報や業務文書を同一の情報登録データホルダに登録することにより，すべてのデータを一律に検索することが可能となる．図6.9にKFMを使用した情報処理の流れを示す．

以下にKFMを使用した2つの情報登録の例を紹介する．登録例は①一般的な知識情報と②工程情報である．

(2) KFM利用の流れ

言語データを問題解決に利用するためには，低位かつ基礎的なデータを多量に蓄積することが必要である．そこでKFMを利用した情報登録の例を紹介する．KFMでは①一般的な知識情報，②工程に関する情報の登録

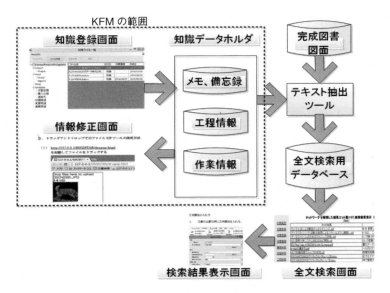

図6.9 システム構成図と情報処理の流れ

をした管理情報登録が可能である．

　低位な情報として作業メモや情報検索の結果があり，低位な情報は情報の発生源で登録することが望まれる．そして特に蓄積が望まれる情報として，何らかの行動に関する成功と失敗の結果情報がある．成功と失敗の結果にはプロセス情報が含まれており，プロセス情報に含まれる行動情報は問題解決に役立つ可能性がある．結果をもたない言語データに有効なプロセス情報が含まれる可能性は低い．例えば，システム開発における成功情報として，文字コードを変換するプログラムができたという情報があった場合，結果に至るプロセスから，パソコンはいくつかの文字コードを利用していること，そして文字コードの変換を考える場合にはまず情報入力時に使用している文字コードを調べることが必要であることがわかる．加えて「～の説明」や「～法」などの単語も行動につながることが考えられる．そこで，以下にKFMを使用したピレネー・ストーリーの命名情報を登録する流れを示す．また登録可能な管理情報の項目は必要に応じて変更可能であり，詳細な操作方法については，日科技連出版社ホームページよりダウンロードできる「ツールの使用方法.pdf」を参照されたい．

6.9　KFMのインストールと起動

　KFMを指定場所からダウンロードを行い，ダウンロードした添付用ダウンロードツール.zip内のインストール要領.pdfに従って，zip内のファイルを適当なホルダを作成して展開した後に起動時の読み込みホルダの場所を指定する．そして**図6.10**に示すKnowledgeFileManager.exeをクリックしてツールの起動を行う．すると**図6.11**に示す起動画面が表示され，ホルダ内のファイルの一覧が表示される．初期表示を行うホルダの設定変更はKnowledgeFileManager.exe.configを編集することにより可能である．

1）KFMの起動

　KFMを起動すると図6.11に示す起動画面が表示される．起動時には，ホルダ内のファイルの一覧が表示されている．初期表示を行うホルダの設

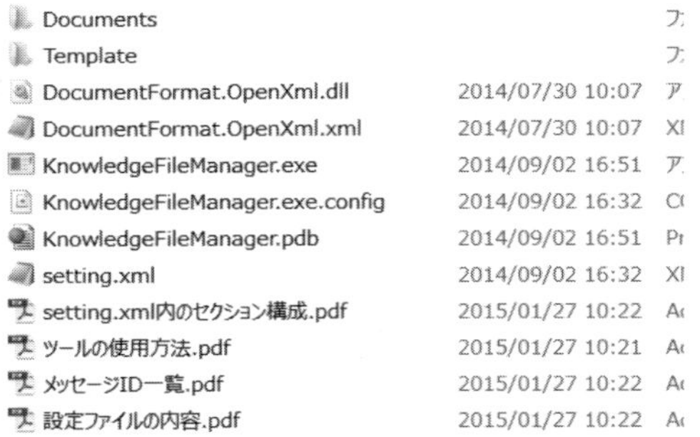

図 6.10　KFM のファイル一覧

図 6.11　ホルダ表示画面（ファイル登録）

定は設定ファイルを編集することにより可能である[4]．現在，表示を行っているホルダ名は画面の左下に表示されている．KFM にて情報ファイルの登録を行うと現在選択されているホルダに登録される．

2）情報登録

　図 6.11 に示すホルダ表示画面の左上部にあるファイル作成ボタンをクリックすると，図 6.12 に示す情報登録画面が表示されるので，図 6.12 に示すように，タイトル，登録したい内容，カテゴリと登録者を登録する．図 6.12 の例では，カテゴリは知識，登録者は持田として登録を行っている．カテゴリと登録者の登録は設定ファイルを編集することにより可能である[4]．その他の管理情報は必要に応じて記入する．管理情報登録画面にて登録可能な項目を表 6.2 に示す．管理情報の記入が終わったら登録ボタ

---

[4] なお，修正方法の詳細は付録の設定ファイルの内容.pdf を参照されたい．

6.9 KFM のインストールと起動

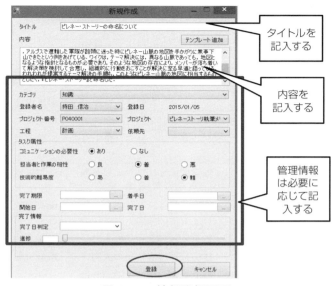

図 6.12 情報登録画面

ンをクリックして情報ファイルを登録する．

　定型的な文書や文言については，テンプレートとしてあらかじめ登録しておくことが有効である．図 6.13 に示すように，テンプレート追加ボタンをクリックするとテンプレートファイル選択 BOX が表示されるので，テンプレートファイルを登録することが可能である．テンプレート登録後はテンプレート中の定型文を利用して内容を作成することが可能である．図 6.13 の例では，連絡先の書式を読み込んでいる．

(5) 登録情報の確認と編集

　情報の登録が完了すると，図 6.14 に示すように，登録した情報ファイル名がホルダ内のファイル一覧に表示される．登録情報はマイクロソフト社の Word ファイルとして作成され，ファイル名は"RYYYYMMDD タイトル名"となる．ただし，yyyy は登録日付の年，MM は月，dd は日を示す．

　登録されたファイル名をクリックすると，図 6.15 に示すように，ファ

表 6.2　管理情報入力の項目

項目	想定される用途	内容	備考
タイトル	すべて	登録する情報のタイトル	
テンプレート追加	すべて	雛形文書の入力	雛形文の設定可能
カテゴリ	すべて	カテゴリの入力	編集可能 *1
登録者名	すべて		編集可能 *1
登録日	すべて	今日の日付を自動入力	自動入力
プロジェクト番号	工程情報・作業依頼	プロジェクト番号の入力	編集可能 *1
プロジェクト	工程情報・作業依頼	プロジェクト名の入力	編集可能 *1
工程	工程情報・作業依頼	工程名の入力	編集可能 *1
依頼先	工程情報・作業依頼	依頼先の入力	編集可能 *1
コミュニケーションの必要性	工程情報・作業依頼	依頼作業の特性	
担当者との作業の相性	工程情報・作業依頼	依頼作業の特性	
技術的難易度	工程情報・作業依頼	工程および作業の特性	
完了期限	工程情報・作業依頼	工程および作業の完了期限	カレンダー入力
着手日	工程情報・作業依頼	工程および作業の着手日	カレンダー入力 *2
開始日	工程情報・作業依頼	工程および作業の開始日	カレンダー入力
完了日	工程情報・作業依頼	工程および作業の完了日	カレンダー入力
完了日判定	工程情報・作業依頼	工程および作業の判定	
進捗	工程情報・作業依頼	工程および作業の進捗状況	スライダー入力
登録ボタン		情報を登録する	
キャンセルボタン		登録をキャンセルする	

＊1　詳細は「ツールの設定ファイルの内容.pdf」を参照されたい．
＊2　着手日とは作業開始前に資料集めなどの準備を開始する日を示す．

6.9 KFM のインストールと起動

図 6.13 テンプレートファイル選択

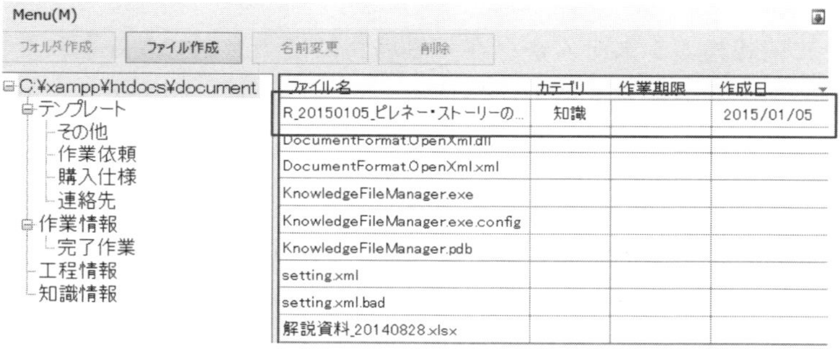

図 6.14 ファイル登録

タイトル　　　　ピレネー・ストーリーの命名について
カテゴリ　　　　知識
登録者名　　　　持田　信治
登録日　2015/01/05
プロジェクト番号　P040001
プロジェクト　　ピレネーストーリ執筆メモ
工程　　計画
完了期限
着手日
開始日
完了日
内容
　われわれが提言するテーマ解決法は，さらに組織の改善活動レベルをスパイラルアップするために，経営組織論が専門であるカール・E・ワイク(1936-)の組織行動論の考え方も取り入れた．ワイクは，組織としてテーマ解決を進める際に必要となるポイントを考える

図 6.15　ファイルの内容表示

第6章　将来のテーマ解決のためのビッグデータ生成法

イルが表示され，編集が可能である．ただし，登録されたファイルの表示と編集にはマイクロソフト社のWordがインストールされている必要がある．ファイルを表示した後，不要な管理情報は削除することが可能である．ただし，本ツールにより作成されたファイル中のカテゴリ，作業期限，作成日を修正しても，一覧表の表示内容は変更されない[5]．作業期限などを指定して情報検索を行う場合には本文からテキスト抽出ツールにて文中からテキストデータを抽出し，全文検索用データベースを作成して完了期限を検索することを推奨する．

(3) 情報検索

すでに情報検索システムが存在する場合には，上記で登録されたファイルをその他の関連情報とともに管理することにより，問題解決への情報利用が期待される．

メモやカタログなどの意志決定に対して影響レベルの低い情報から，検討書や報告書など意志決定に対して重要度の高い情報を1か所に集めることにより，意志決定に至るまでの情報と意志決定の手順をすべて知ることができ，次回の問題解決に役立つことが期待される．

6.10　工程情報の登録

工程情報は，一般的に図6.16に示すガントチャートと呼ばれるバーチャートで示されることが多い．しかし，ガントチャートに表示されている

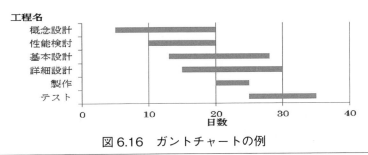

図6.16　ガントチャートの例

---

[5] 作業期限などを修正したい場合にはMS Word→ファイル→プロパティ→詳細プロパティ→ユーザ設定にて編集を行う．

6.10　工程情報の登録

工程情報は大工程のスケジュールであり，通常，工程中に含まれる細かな作業や問題点は表示されない．しかし工程情報に加えて作業情報，不適合情報や技術報告を合わせて蓄積することにより，作業中に得られた問題解決のヒントを残すことが可能となる．そして蓄積された情報は次回以降の作業において有益な情報となることが期待される．そこで以下に KFM を利用して工程情報を登録する例を示す．

(1) 工程情報の登録と KFM の立ち上げ

6.9 節に示した情報登録と同様に，図 6.17 に示すように，KFM を立ち上げる．KFM を起動すると，図 6.17 に示すように，ホルダ中のファイルが一覧表示される．現在のホルダ名は画面の左下に表示されており，現在選択されているホルダに作成したファイルが登録される．初期表示を行うホルダ名はツールの設定ファイルを編集することにより変更することが可能である[4]．

(2) 工程情報の登録

次に，システム開発を想定した工程の登録例を示す．本例では，図 6.18 に示すように，基本設計工程を登録している．工程情報登録後の一覧表示状況を図 6.19 に示す．

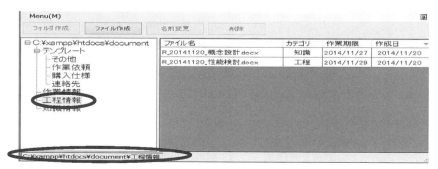

図 6.17　工程情報の登録

図 6.18　工程登録画面

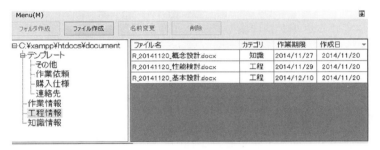

図 6.19　工程情報一覧画面

(a)テンプレートのホルダを選択　　(b)テンプレートファイルを選択

図 6.20　テンプレート選択画面（作業内容）

(3) 作業情報の登録

続いて工程中に含まれる作業情報を登録する．作業情報の登録では，図6.20に示す作業情報登録用テンプレートを用いて登録している．作業情報の登録では完了期限と開始予定日を登録している．

(4) 課題，問題情報の登録

作業遂行中に発生した課題情報を情報発生源で発生時に登録することが有効である．図6.21では，データベースのテーブル設計作業に関する作業情報を登録している．図6.22では，データベーステーブル設計における課題情報を登録している．本例においては，図6.23に示すテンプレートから担当者の連絡先を記入している．また，本例では工程管理に役立てるために完了期限を登録している．工程管理システムと接続することにより，作業の着手，完了管理が可能となる．

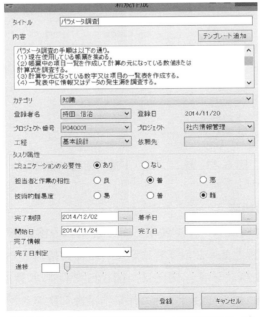

図6.21　作業情報登録画面（作業情報入力）

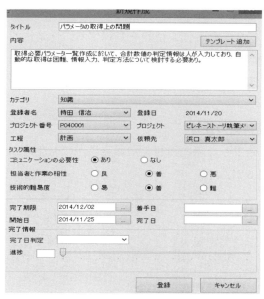

図 6.22　課題情報登録画面

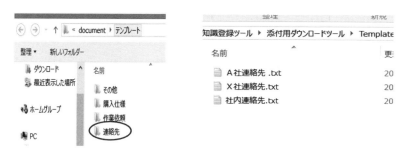

図 6.23　テンプレート選択画面（連絡先）

（5）工程情報の検索

　図 6.24 に全文検索ツールを使用した工程情報の検索例を示す．ここでは，基本設計工程と基本設計工程に含まれる作業情報を一括検索している．検索結果を図 6.25 に示す．例えば，図 6.25 では基本設計作業中のパラメータ調査作業に加えて設計工程の作業指示書も検索されている．

6.10 工程情報の登録

図6.24 工程情報の検索

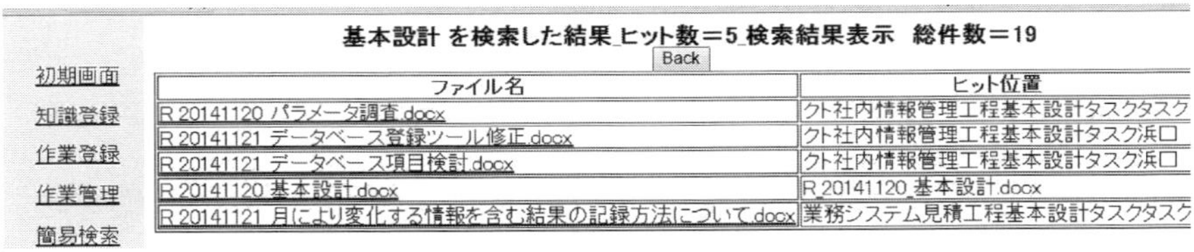

図6.25 工程情報と作業情報

(6) 作業情報への進捗の記入

図6.25に示す検索された情報作業をクリックして，図6.26に示すように，ファイル中に進捗状況を記入する．本例では進捗は完了であり，進捗100％と記入している[6]．

本例では工程情報と作業情報を1件1ファイルにしているため，作業の完了，未完了をホルダを分けて管理することが可能である．例えば，進捗が100％で完了の作業については，図6.27に示すように，作業情報ファイ

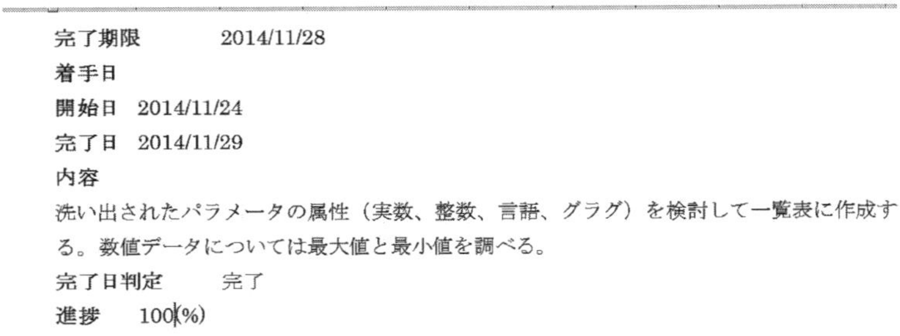

図6.26 作業の進捗の書き込み

---

[6] KFMにより作成されたファイル中の完了期限などを修正しても一覧表の表示期限は変更されない．作業期限を修正したい場合には，MS Word→ファイル→プロパティ→詳細プロパティ→ユーザ設定で参照にて編集を行う．本文からテキスト抽出ツールにて文中の完了期限を抽出することを推奨する．

第6章 将来のテーマ解決のためのビッグデータ生成法

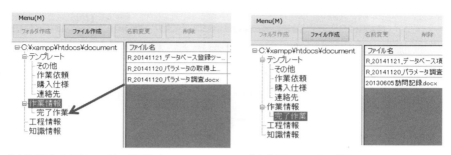

(a) 作業を完了ホルダに移動する　　　(b) 完了ホルダの状況

図 6.27　作業完了ホルダへの作業情報の移動

ルを完了作業ホルダへ移動することにより，未完了作業と完了作業を識別することが可能となる．

(7) 課題情報の登録と検索

　作業中に課題が発生した場合には工程に関連して，課題情報と対策情報を登録する．図 6.28 ではデータベースに登録するパラメータの中に年月により変化するパラメータがあり，データベースへの登録方法を検討する必要があるとの課題を登録している．本課題が登録された後に基本設計工程の関連情報を検索すると，図 6.29 に示すように工程，作業情報に加えて課題情報も同時に検索され，作業中に課題が発生していることがわかる．次に，図 6.30 に示す対策情報が登録されると，図 6.31 に示すように，課題と対策が同時に検索され，今後，同様な課題が発生した場合には時系列的に課題解決の流れが理解でき，今後の課題解決に役立つことが期待される．

(8) 未完了作業の検索

　作業情報ファイル中のすべての進捗情報に対して全文検索を行うことにより，図 6.32 に示すように，現時点での未完了作業をすべて検索することが可能である．図 6.32 の図では未着手作業を検索しており，図 6.33 に示す未着手作業の一覧を得ている．

図 6.28　課題情報の登録

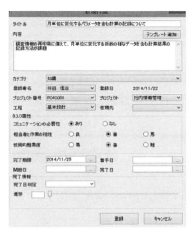

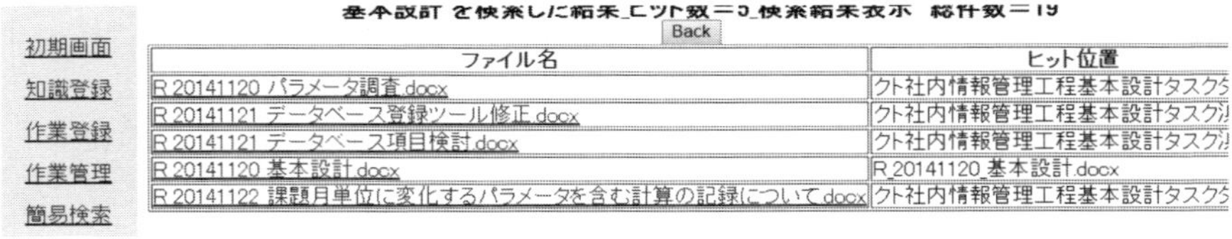

図 6.29　課題を含む工程情報の検索

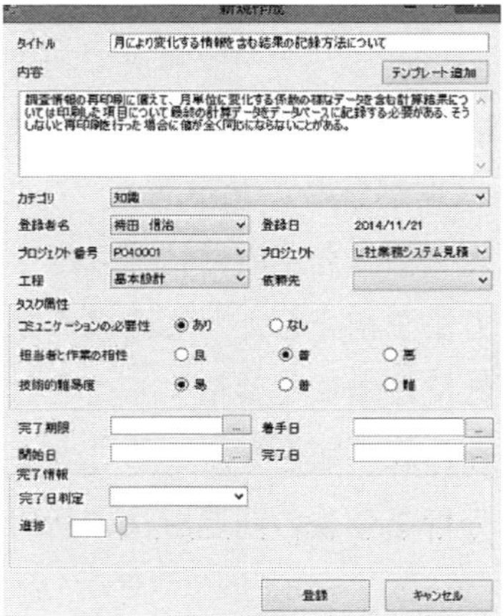

図 6.30　対策情報の登録

第6章　将来のテーマ解決のためのビッグデータ生成法

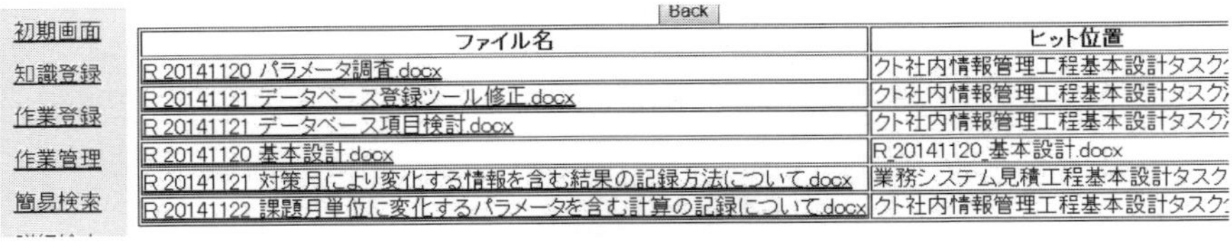

図 6.31　課題と対策の同時検索

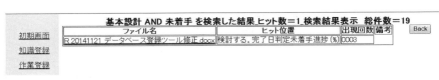

図 6.32　未完了作業の検索

図 6.33　未着手作業の検索結果

6.11　おわりに

　ビッグデータ分析は高速なコンピュータを使用して大規模な情報処理を行い，規則を導き出す．しかし，テーマ解決で利用可能な言語データの蓄積は進んでいない．言語データの蓄積が進まない理由としては，手元に簡単に情報を登録するツールがないことがある．そこで本章では，KFM を使用して情報の発生源にて情報発生時に情報登録を行い，情報を作業管理や問題解決に役立てる方法を紹介した．また戦訓録や備忘録などのように，基礎的なデータとなる低位な情報を蓄積することにより，報告書や作業スケジュールの時系列的な作成手順を登録することが可能となり，言語データを含むビッグデータ分析を今後の問題解決に活用できる可能性が高まる．

引用・参考文献

[1] 櫻井 保志:「時系列データのためのストリームマイニング技術」,『情報処理』, Vol. 47, No. 7, pp. 755-761, 2006.
[2] 當仲 寬哲:「ビッグデータ:世界を変えていくイノベーションの原動力として:5 シェルスクリプトを用いたビッグデータ活用の事例 - コンピュータを使い切る」,『情報処理』, Vol. 55, No. 9, pp. 982-988, 2014.
[3] 池内 孝啓:「ビッグデータ時代の次世代ダッシュボード」,『情報処理』, Vol. 55, No. 9, pp. 958-963, 2014.
[4] 吉荒 祐一:「ビッグデータ:世界を変えていくイノベーションの原動力として:3. クラウドサービスを用いたビッグデータ活用事例」,『情報処理』, Vol. 55, No. 9, pp. 970-975, 2014.
[5] 総合学術会議:「第2回重点化課題検討タスクフォース議事次第 資料2別添 我が国の産業競争力の強化に関する議論のまとめ」, p. 13, 2012.
[6] 水越豊:『BCG 戦略コンセプト』, ダイヤモンド社, 2012.
[7] James O Prochaska, "*CHANGING FOR GOOD*", WILLIAM MORROW, 2007.
[8] フランク・コーブル著, 小口忠彦訳:『マズローの心理学』, 産能大出版部, 1972.
[9] ピアーズ・スティール著, 池村千秋訳:『ヒトはなぜ先延ばしをしてしまうのか』, 阪急コミュニケーションズ, 2012.
[10] 日経 BP 社出版局:『クラウド大全』, 日経 BP 社, 2009.

索　引

【英数字】

25 の発明原理　　27
2 次判別関数　　129
40 の発明原理　　26
4M　　83, 86
5 つの基本力　　3, 13, 46, 83
Acceptability　　22
──── Study　24
AdaBoost　　162, 164
Adaptive Boosting　　162
Analysing power　　10
bootstrap　　160
classification tree　　150
Comprehensive R Archive Network　　167
CRAN　　167
DA　　23, 29
Decision Analysis　　29
Design thinking power　　10
enactment　　16
entropy　　152
Feasibility　　22
──── Study　24
feature　　121
impurity　　153
KFM　　183
KJ 法　　85
KT 法　　28, 29, 30
k 近傍　　158
k 近傍法　　119, 157, 159
MT システム　　119, 127
────の考え方　　130
mutual information　　153
N7　　103
N7 研修　　105, 106, 107, 113
odds　　134
PA　　23, 29
PDPC　　62, 111, 112, 113
PERT　　87
Potencial Problem Analysis　　29
PPA　　23, 29
predictor　　121

Problem Analysis　　29
Problem or Project Evaluation and Review Technique　　87
procrastination　　181
QC 七つ道具　　9, 32, 57, 83, 104, 114, 115
QC 手法　　10, 13, 18, 22, 47, 104, 109
QC ストーリー　　2, 3, 114, 115
R　　167
Rational process　　28
Rcmdr　　168
Reasonable power　　11
recursive partitioning　　151
retention　　17
RjpWiki　　168
R コマンダー　　168
SA　　23, 29
selection　　16
serendipity　　14
SFA モデル　　24
Situation Appraisal　　29
Standard　　78
Standardization　　78
Suitability　　22
Suitability Study　　23
The power of foresee　　11
The power to demonstrate　　11
TQC　　29, 90
tree dendrogram　　152
TRIZ 法　　23, 26, 27, 28, 30
Word データ　　184

【あ行】

アウトカム評価　　76
アウトプット評価　　75
アクティブデータ　　176
あるべき姿　　34, 35
アレン・ニューウェル　　22
アローダイアグラム　　110
アローダイアグラム法　　87, 109
意思決定プロセス　　23
一般的なマネジメント　　20

索　引

イナクメント　16
インアクティブデータ　176
円グラフ　85
応答変数　121
長田洋　27
オッズ　134
帯グラフ　85
オペレーションズ・リサーチ　23, 87
折れ線グラフ　85, 113

【か行】

海軍法　22, 23, 30
解析力　10, 11, 12, 13, 18, 46, 57, 83,
　92, 94, 95, 97, 101, 102
階層的ニューラルネット　141
――・モデル　140
ガイダー外れ
　92, 93, 94, 96, 97, 101, 102
――の特性要因図　94
――の要因解析　94, 95
科学的管理の原理　20
拡散的思考　70
革新的課題解決法　23
隠れ層（中間層）　140
課題情報　193, 196
課題達成型QCストーリー　2, 3
片寄りシワ　92, 93, 94
ガントチャート　190
管理　20
管理図　84
生地の片寄り要因解析　97
技術矛盾マトリックス　26
機能矛盾マトリックス　27
基本力を駆使した対策立案　4, 46, 105
ギャップ　34
旧脳　181
教育・活性化活動タイプ
　11, 14, 18, 37, 44, 50, 103, 105
教育・活性化活動の事例　103
教育・活性化を推進する活動のタイプ　6
業際　36
寄与率　100
クラウドコンピューティング　175
クラシカルTRIZ　26
グラフ　85
計画の実行　24, 25
計画の立案　24, 25

系統図法　86, 107
決定分析　23, 29
ケバン・スコール　24
ケプナー・トリゴー法　23
ゲリー・ジョンソン　24
言語データ　13, 85, 113
検証力
　11, 12, 13, 18, 47, 83, 92, 93, 102
現場の不具合問題タイプ
　13, 18, 37, 43, 48
ゲンリッヒ・アルトシュラー　23
効果の確認　4, 19, 101, 113
構造化されたデータ　176
構想力
　10, 13, 14, 18, 46, 83, 103, 105
工程FMEA　62
工程情報　190
工程能力指数　57
効率化問題タイプ
　6, 11, 14, 18, 37, 43, 48
合理的・論理的思考法　28
誤差関数　162
コピアポ鉱山落盤事故　15
混雑度　153

【さ行】

再帰的分割　151
サイリル・オドンネル　20
先延ばし　181
作業準備期間　181
作業情報　193
作成手順　198
サポート・ベクター・マシン
　119, 142, 149
サポート・ベクトル　146, 149
残差の標準偏差　99
散布図　84
サンプリングの工夫　95, 97
仕組み構築　102, 114
時系列　196, 198
思考プロセス　23
事後確率　134, 157
重回帰分析　97, 98
収束型思考　70
柔軟性　22
熟考期間　181
主成分分析　9, 12, 87

樹木構造　152
樹木表現　151
主要因の検証　106
受容性　22
情報　172
情報蓄積ツール　172
状況把握　23
ジョージ・ポリア　24
シワの現状把握　94
シワ不良低減　90
新QC七つ道具
　　10, 32, 57, 83, 85, 103, 114, 115
──研修の理解度向上　103
新脳　181
親和図法　85, 105
推理力
　　10, 13, 14, 18, 47, 83, 103, 105
数値データ　13, 85
数量化理論Ⅱ類　97
ステップワイズ法　98
スナップショット　175, 176
スラック変数　147
生産性　183
制約　92
セレンディピティ　14, 26, 49
線形判別　119, 121
線形判別関数　123, 126, 127, 129
線形分離可能　143
潜在的問題分析　23
前熟考期間　181
全文検索ツール　195
全文検索用データベース　190
相互情報量　153, 154
双対問題　145
層別　83
組織化の戦略的地図　15
組織的テーマ解決サイクル　14
組織的テーマ解決のプロセスサイクル　2
ソフトマージン　147
ソフトマージン最適化　146
──の主問題　147
──の双対問題　148

【た行】

ダービン-ワトソン比　99
対策情報　196
対策の実施　4, 18, 68, 101, 109

対策立案の過程　17
対数オッズ　137, 165
代表的なテーマ解決プロセス　22
滝澤三郎　22
チェックシート　84
知識情報の登録ツール　183
チャールズ・ケプラー　23
低位な言語データ　179
低位な情報　198
低位なデータ　172, 179
データ駆動型の意思決定　179, 180
データ駆動型問題解決　179
データストリームマイニング　171
データマイニング　118, 119, 175
テーマタイプ　2, 3, 4, 5, 9, 12, 14,
　　16, 17, 52, 103
テーマのタイプ設定　4, 18, 92, 105
テーマの目標設定　4, 17, 40, 92, 104
テーマの論点　4
適応型ブースティング　162
適合性　22
テンプレート　187
統計的手法　57
淘汰の過程　16
特性要因図　83, 86, 90, 94, 95
特徴　121
特徴空間　121
トップダウン型のアプローチ　171
トップダウン型の手法　170
トップダウン型のデータ分析　177

【な行】

ナポレオン・ボナパルト　19
二重自由度調整済みの寄与率　99
ニューラルネット　119, 139
残された課題と今後の計画
　　4, 19, 80, 102

【は行】

ハードマージン最適化　142, 145
──の主問題　145
──の双対問題　146
ハーバート・A・サイモン　22
バギング　119, 160, 161
発想手法　10
歯止め　17

索　引

歯止め‐標準化の仕組み‐　4, 19, 78
ばらつき　36
パレート図　83
ハロルド・D・クーンツ　20
ピーター・F・ドラッガー　20
非構造化言語データ　176
非構造化データ　176
ヒストグラム　84
ビッグデータ　170, 174
──監視　180
──生成法　170
──分析　198
標準　78
標準化　78, 114
──の仕組み　17
標準化と品質管理　23
標本再抽出法　160
ファイル名　187
フィッシャーの線形判別関数　124
ブースティング　119, 162, 165
ブーツストラップ　160, 161
不具合モード　61
部門長の役割　19
ふり返ること　24, 25
ブレーンストーミング　94
フレデリック・ウインスロー・テイラー　20
プロセス・コンセプト・ストーリー　28
分類木　119, 150, 157
分割表　96, 97
分類のためのデータマイニング　119
平均情報量　152
棒グラフ　85
保持の過程　17
ボトムアップ型情報分析　172
ボトムアップ型データ分析　177
ボトルネック工程　87
ポリア法　24, 30
──の13のキーワード　25
ポリシーによるマネジメント　20, 21

【ま行】

マージン　144
マトリックス・データ解析　115
マトリックス・データ解析法　87
マトリックス図法　86, 109
マネジメント　20, 21

マハラノビス平方距離　128, 129, 133
慢性不良　90
慢性不良テーマ　102
──解決の道のり　90
慢性不良問題タイプ　6, 11, 12, 13, 18, 37, 43, 48, 92, 101
未然・課題タイプ　6, 11
未然防止・課題タイプ　13, 18, 37, 43, 48
未然防止やあるべき姿を追う課題タイプ　12
三原裕治　27
矛盾マトリックス　27, 28
目標設定　16
モダンTRIZ法　26
問題解決型QCストーリー　2
問題解決システムプログラム　22
問題情報　193
問題タイプ　6, 11
問題の本質　26
問題の本質探索　4, 16, 17, 90, 91, 103
問題の理解　24, 25
問題分析　23

【や行】

要因解析　94, 96, 101, 102
要求機能間の矛盾　26
芳沢光雄　25
予測変数　121
予知力　11, 13, 18, 47, 83

【ら行】

ラグランジュ関数　145, 148
ラショナル・プロセス　28
ラベル変数　121
リサンプリング法　160
リスク分析　61
リスクマトリックス　62
「理想」と「現実」の差　34
リレーショナルデータベース　173
レーダーチャート　85
連関図法　85, 106
ロジスティック・モデル　136
ロジスティック関数　139

ロジスティック判別
　119, 134, 135, 137, 138
ロジスティック判別関数　　139
ロジスティック変換　　139

【わ行】

ワイク教授　　2, 14, 15, 16

編著者・著者紹介

編著者 **野口　博司**　（のぐち　ひろし）
　　　1946 年　京都府に生まれる
　　　1972 年　京都工芸繊維大学大学院工芸学研究科修士課程修了
　　　1972 年　東洋紡㈱に入社，1998 年に大阪大学より工学博士を授与
　　　2000 年　東洋紡㈱技術部長より流通科学大学へ転職
　　　現　在　流通科学大学商学部教授
　　　主な著書『マネジメント・サイエンス入門』（日科技連出版社，2007）ほか
　　　執筆担当　はじめに，第 1 章〜第 4 章

著　者　**磯貝　恭史**　（いそがい　たかふみ）
　　　1949 年　岡山県に生まれる
　　　1976 年　大阪大学大学院基礎工学研究科数理系博士課程中退
　　　1976 年　大阪市立大学医学部助手
　　　1985 年　工学博士（大阪大学）
　　　1996 年　大阪大学大学院基礎工学研究科助教授
　　　2007 年　神戸大学大学院海事科学研究科教授
　　　現　在　流通科学大学商学部教授，神戸大学名誉教授
　　　執筆担当　第 5 章

　　　今里　健一郎　（いまざと　けんいちろう）
　　　1972 年　福井大学工学部電気工学科卒業
　　　1972 年　関西電力㈱入社，同社ＴＱＭ推進グループ課長，能力開発センター
　　　　　　　主席講師を経て退職(2003)，ケイ・イマジン設立(2003)
　　　現　在　ケイ・イマジン代表，流通科学大学講師，近畿大学講師，一般財団
　　　　　　　法人日本科学技術連盟嘱託，一般財団法人日本規格協会技術アドバ
　　　　　　　イザー
　　　主な著書『新ＱＣ七つ道具の使い方がよ〜くわかる本』（秀和システム，2012），
　　　　　　　『図解で学ぶ品質管理』（共著，日科技連出版社，2013）ほか
　　　執筆担当　第 2 章，第 4 章

　　　持田　信治　（もちだ　しんじ）
　　　1961 年　福岡県に生まれる
　　　1984 年　九州工業大学情報工学科卒業
　　　1984 年　三菱重工業㈱入社，原動機開発部に配属
　　　2005 年　東亜大学医療工学部医療工学科助教授
　　　2010 年　流通科学大学情報学部経営情報学科助教授
　　　現　在　流通科学大学商学部教授
　　　執筆担当　第 6 章

ビッグデータ時代のテーマ解決法
ピレネー・ストーリー

2015年3月1日　第1刷発行

編著者　野口　博司
著　者　磯貝　恭史
　　　　今里　健一郎
　　　　持田　信治
発行人　田中　健

検印省略

発行所　株式会社　日科技連出版社
〒151-0051　東京都渋谷区千駄ヶ谷5-15-5
　　　　　　DSビル
電話　出版　03-5379-1244
　　　営業　03-5379-1238
印刷・製本　三秀舎

Printed in Japan

© Hiroshi Noguchi et al. 2015　　　ISBN 978-4-8171-9542-5
URL　http://www.juse-p.co.jp/

本書の全部または一部を無断で複写複製(コピー)することは，著作権法上での例外を除き，禁じられています．